UNA (MUY) BREVE HISTORIA DE LA VIDA EN LA TIERRA

HENRY GEE

UNA (MUY) BREVE
HISTORIA
DE LA VIDA EN
LA TIERRA

4.600 millones de años
en 12 capítulos

indicios

Argentina – Chile – Colombia – España
Estados Unidos – México – Perú – Uruguay

Título original: *A (Very) Short History Of Life On Earth*
Editor original: Picador/Pan Macmillan
Traducción: Daniel Rovassio

1.ª edición Abril 2022

Copyright © Henry Gee 2022
First published in 2021 by Picador an imprint of Pan Macmillan, a division of Macmillan Publishers International Limited
All Rights Reserved
Copyright © 2022 *by* Ediciones Urano, S.A.U.
Plaza de los Reyes Magos, 8, piso 1.º C y D – 28007 Madrid
www.indicioseditores.com

ISBN: 978-84-15732-53-2
E-ISBN: 978-84-18480-98-0
Depósito legal: B-3.533-2022

Fotocomposición: Ediciones Urano, S.A.U.

Impreso por: Romanyà-Valls – Verdaguer, 1 – 08786 Capellades (Barcelona)

Impreso en España – *Printed in Spain*

A la memoria de Jenny Clack (1947-2020)
Mentora, amiga

ÍNDICE

Línea de tiempo 1. La Tierra en el Universo

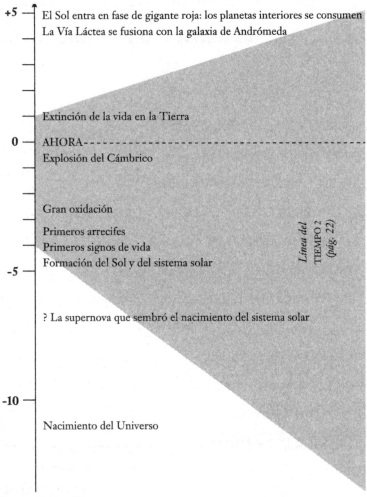

+5 — El Sol entra en fase de gigante roja: los planetas interiores se consumen
La Vía Láctea se fusiona con la galaxia de Andrómeda

Extinción de la vida en la Tierra

0 — AHORA -
Explosión del Cámbrico

Gran oxidación

Primeros arrecifes
Primeros signos de vida
Formación del Sol y del sistema solar

Línea del
TIEMPO 2
(pág. 22)

-5 —

? La supernova que sembró el nacimiento del sistema solar

-10 —

Nacimiento del Universo

*Edades en miles de millones
de años antes (menos) o
después (más) del presente.*

UNO

UNA CANCIÓN DE FUEGO Y HIELO

Había una vez una estrella gigante que estaba muriendo. La estrella había estado ardiendo durante millones de años pero, en ese momento, en el alto horno de su núcleo ya no había más combustible para quemar. La estrella creaba la energía que necesitaba para brillar mediante la fusión de átomos de hidrógeno y así producir helio. La energía producida por la fusión no solo hacía brillar la estrella, era vital para contrarrestar la atracción hacia el interior que producía la propia gravedad de la estrella. Cuando el suministro de hidrógeno disponible comenzó a agotarse, la estrella empezó a fusionar helio en átomos de elementos más pesados, como el carbono y el oxígeno. Sin embargo, para entonces, la estrella se estaba quedando sin nada que quemar.

Llegó el día en que el combustible se agotó por completo. La gravedad ganó la batalla: la estrella implosionó. Tras millones de años de combustión, el colapso duró una fracción de segundo. Provocó un rebote tan explosivo que iluminó el universo: una supernova. Cualquier signo de vida que pudiera haber existido en el propio sistema planetario de la estrella habría sido arrasado. Pero, en el cataclismo de su muerte, nacieron las semillas de algo nuevo. Elementos químicos aún más pesados, forjados en los últimos momentos de la vida de la estrella (silicio, níquel, azufre y hierro) se dispersaron a lo largo y a lo ancho por la explosión.

Millones de años después, la onda de choque gravitacional de la explosión de la supernova atravesó una nube de gas, polvo y hielo. El estiramiento y la contracción de la onda gravitacional hicieron que la nube se contrajera sobre sí misma. Al contraerse, empezó a girar. La atracción de la gravedad comprimió tanto el gas en el centro de la nube que los átomos comenzaron a fusionarse. Los átomos de hidrógeno se unieron, formaron helio y crearon luz y calor. El círculo de la vida estelar se completó. De la muerte de una antigua estrella surgió otra, fresca y nueva: nuestro Sol.

La nube de gas, polvo y hielo se enriqueció con los elementos creados en la supernova y, al girar alrededor del nuevo Sol, también se coaguló en un sistema de planetas. Uno de ellos era la Tierra. La joven Tierra era muy diferente de la que conocemos hoy. La atmósfera habría sido para nosotros una niebla irrespirable de metano, dióxido de carbono, vapor de agua e hidrógeno. La superficie era un océano de lava fundida, perpetuamente agitada por los impactos de asteroides, cometas e incluso otros planetas. Uno de ellos era Theia, un planeta del mismo tamaño que el actual Marte.[1] Theia golpeó la Tierra de refilón y se desintegró. La colisión lanzó al espacio gran parte de la superficie de la Tierra. Durante algunos millones de años, nuestro planeta tuvo anillos, como Saturno. Con el tiempo, los anillos se unieron para crear otro nuevo mundo: la Luna.[2] Todo esto ocurrió aproximadamente hace 4.600.000.000 (4.600 millones) de años.

Pasaron millones de años más. Llegó el día en que la Tierra se enfrió lo suficiente como para que el vapor de agua de la atmósfera se condensara y cayera en forma de lluvia. Llovió durante millones de años, lo suficiente para crear los primeros océanos. Y los océanos eran todo lo que existía: no había tierra. La Tierra, que había sido una vez una bola de fuego, se había convertido en un mundo de agua. No es que las cosas fueran más tranquilas. En aquellos días la Tierra giraba sobre su eje más rápido que hoy. La nueva Luna se cernía sobre el negro horizonte. Cada marea que subía era un tsunami.

Un planeta es más que un amasijo de rocas. Cualquier planeta de más de unos cientos de kilómetros de diámetro se asienta en capas con el paso del tiempo. Los materiales menos densos, como el aluminio, el silicio y el oxígeno, se combinan en una espuma ligera de rocas cerca de la superficie. Los materiales más densos, como el níquel y el hierro, se hunden en el núcleo. En la actualidad, el núcleo de la Tierra es una bola giratoria de metal líquido. El núcleo se mantiene caliente gracias a la gravedad y a la desintegración de elementos radiactivos pesados, como el uranio, forjados en los momentos finales de la antigua supernova. Como la Tierra gira, se genera un campo magnético en el núcleo. Las líneas de este campo magnético atraviesan la Tierra y se extienden hasta el espacio. El campo magnético protege a la Tierra del viento solar, una tormenta constante de partículas energéticas procedentes del Sol. Estas partículas están cargadas eléctricamente y son repelidas por el campo magnético terrestre, rebotan o fluyen alrededor de la Tierra y hacia el espacio.

El calor de la Tierra, que se irradia hacia el exterior desde el núcleo, mantiene el planeta siempre en ebullición, como una cacerola de agua hirviendo a fuego lento. El calor que sube a la superficie ablanda las capas superpuestas, rompe la corteza —menos densa pero más sólida— en trozos y, al forzarlos a separarse, crea nuevos océanos entre ellos. Estas piezas, las placas tectónicas, están siempre en movimiento. Chocan, se deslizan o se hunden unas debajo de otras. Este movimiento crea profundas fosas en el fondo del océano y levanta montañas por encima de él. Provoca terremotos y erupciones volcánicas. Forma nuevas tierras.

Cuando las montañas peladas fueron empujadas hacia el cielo, grandes cantidades de corteza fueron absorbidas hacia las profundidades de la Tierra en las fosas oceánicas que están en los bordes de las placas tectónicas. Cargada de sedimentos y agua, esta corteza fue arrastrada hacia el interior de la Tierra, para, luego, volver a la superficie transformada en nuevas formas. El sedimento del fondo oceánico en los bordes de los continentes desaparecidos podría, después de cientos de millones de años, resurgir en erupciones volcánicas[3] o transformarse en diamantes.

En medio de todo este tumulto y este cataclismo, comenzó la vida. El tumulto y el cataclismo la alimentaron, la nutrieron, la hicieron desarrollarse y crecer. La vida evolucionó en las profundidades del océano, donde los bordes de las placas tectónicas se hundían en la corteza y donde chorros de agua hirviendo, ricos en minerales y bajo una presión extrema, brotaban de las grietas del fondo del océano.

Los primeros seres vivos no eran más que membranas viscosas en los huecos microscópicos de las rocas. Se formaron cuando las corrientes ascendentes se volvieron turbulentas y se desviaron en remolinos y, al perder energía, arrojaron su carga de restos ricos en minerales[4] en los huecos y poros de la roca. Estas membranas eran imperfectas, como un tamiz, y, al igual que los tamices, permitían el paso de algunas sustancias, pero no de otras. A pesar de ser porosas, el ambiente dentro de las membranas era diferente de la vorágine que había más allá, era más tranquilo, más ordenado. Una cabaña de madera con techo y paredes sigue siendo un refugio frente a la ráfaga ártica del exterior, aunque su puerta golpee y sus ventanas tiemblen. Las membranas hicieron de la porosidad una virtud: utilizaron los agujeros como puertas de entrada para la energía y los nutrientes, y como puntos de salida para los desechos.[5]

Protegidas del clamor químico del mundo exterior, estas pequeñas membranas eran refugios para el orden. Poco a poco, refinaron la generación de energía y la utilizaron para que surgieran pequeñas burbujas, cada una de ellas estaba encerrada en su propia sección de la membrana madre. Al principio, este proceso era aleatorio, pero poco a poco se hizo más predecible, gracias al desarrollo de un patrón químico interno que podía copiarse y transmitirse a las nuevas generaciones de burbujas unidas a la membrana. De este modo, las nuevas generaciones de burbujas eran, más o menos, copias fieles de sus padres. Las burbujas más eficientes empezaron a prosperar a costa de las menos ordenadas.

Estas simples burbujas se encontraban en el comienzo mismo de la vida, ya que hallaron la manera de detener —aunque sea temporalmente, y con gran esfuerzo— el aumento, de otro modo inexorable, de la entropía, el grado de desorden en el Universo. Esta es una propiedad esencial de la vida. Estas espumas jabonosas de las celdas de las burbujas se mantuvieron como pequeños puños, desafiando al mundo sin vida.[6]

Quizás lo más sorprendente de la vida —aparte de su propia existencia— es la rapidez con la que comenzó. Se gestó apenas 100 millones de años después de que se formara el planeta, en las profundidades volcánicas, cuando la joven Tierra aún era bombardeada desde el espacio por cuerpos lo suficientemente grandes como para crear los grandes cráteres de impacto que tiene la Luna.[7]

Hace 3.700 millones de años, la vida se había extendido desde la oscuridad permanente de las profundidades oceánicas hasta las aguas superficiales iluminadas por el sol.[8]

Hace 3.400 millones de años, los seres vivos empezaron a agruparse de a trillones para crear arrecifes, estructuras visibles desde el espacio.[9] La vida había llegado a la Tierra.

Sin embargo, estos arrecifes no estaban formados por corales (los corales aparecerán casi 3.000 millones de años en el futuro de la Tierra). Estaban formados por hilos verdosos y finos, y por pequeñas prominencias de limo compuestas por organismos microscópicos llamados *cianobacterias*, las mismas criaturas que hoy forman la espuma verde azulada de los estanques. Se extendían en forma de láminas sobre las rocas y el césped del fondo marino, hasta que venía una tormenta y las cubría de arena: una y otra vez volvían a conquistar su territorio y, una vez más, quedaban cubiertas de arena, así, con las capas de limo y sedimento, se construían montículos en forma de cojín. Estas masas en forma de montículo, conocidas como estromatolitos, se convertirían en la forma de vida más exitosa y duradera que jamás haya existido en este planeta, los gobernantes indiscutibles del mundo durante 3.000 millones de años.[10]

La vida comenzó en un mundo cálido[11] pero sin sonido, aparte del viento y el mar. El viento agitaba un aire casi totalmente libre de oxígeno. Sin una capa de ozono protectora en la atmósfera superior, los rayos ultravioleta del Sol esterilizaban todo lo que estaba por encima de la superficie del mar, o cualquier cosa que estuviera a menos de unos centímetros por debajo de la superficie. Como medio de defensa, las colonias de cianobacterias desarrollaron pigmentos para absorber estos rayos dañinos. Una vez que se absorbía, la energía podía ser utilizada. Las cianobacterias la utilizaban para generar reacciones químicas. Algunas de ellas fusionaban átomos de carbono, hidrógeno y oxígeno, y creaban azúcares y almidón. Este es el proceso que llamamos *fotosíntesis*. El daño del sol se había convertido en cosecha de energía.

En las plantas actuales, el pigmento que capta la energía se llama *clorofila*. La energía solar se utiliza para dividir el agua en sus componentes de hidrógeno y oxígeno, y así se libera más energía para impulsar otras reacciones químicas. Sin embargo, en los primeros tiempos de la Tierra, las materias primas podían ser minerales con hierro o azufre. La mejor, sin embargo, era y sigue siendo la más abundante: el agua. Pero había una trampa. La fotosíntesis del agua produce como residuo un gas incoloro e inodoro que quema todo lo que toca. Este gas es una de las sustancias más mortíferas del universo. ¿Su nombre? Oxígeno libre u O_2.

Para la vida más primitiva, que había evolucionado en un océano y bajo una atmósfera esencialmente carente de oxígeno libre, suponía una catástrofe medioambiental. Sin embargo, para poner el asunto en perspectiva, cuando las cianobacterias hacían sus primeros ensayos de fotosíntesis oxigénica —hace 3.000 millones de años o más—, rara vez había suficiente oxígeno libre en un momento determinado como para contar con algo más que una traza menor del contaminante. Pero el oxígeno es una fuerza tan potente que incluso una traza suponía un desastre para la vida que había evolucionado en su ausencia. Estos rastros de oxígeno provocaron la primera de las muchas extinciones masivas de la historia de la Tierra: generación tras generación de organismos vivos fueron quemadas.

El oxígeno libre se hizo más abundante durante la Gran oxidación, un período turbulento ocurrido aproximadamente entre 2.400 y 2.100 millones de años, cuando, por razones que aún no están claras, la concentración de oxígeno en la atmósfera aumentó primero bruscamente hasta superar el valor actual del 21 % y se estabilizó un poco por debajo del 2 %. Aunque el porcentaje es muy pequeño, e irrespirable para los estándares modernos, tuvo un efecto inmenso en el ecosistema.[12]

Un aumento de la actividad tectónica enterró grandes cantidades de detritus orgánicos ricos en carbono —los cadáveres de sucesivas generaciones de organismos vivos— bajo el fondo del océano, lo que los mantuvo fuera del alcance del oxígeno. El resultado fue un exceso de oxígeno libre que podía reaccionar con cualquier cosa que tocara. El oxígeno corroyó las rocas, al convertir el hierro en óxido y el carbono en piedra caliza.

Al mismo tiempo, gases como el metano y el dióxido de carbono fueron eliminados del aire, absorbidos por las abundantes rocas recién formadas. El metano y el dióxido de carbono son dos de los gases que componen la capa aislante que mantiene el calor de la Tierra. Causan lo que llamamos *efecto invernadero*. Sin ellos, la Tierra se sumió en la primera y más grande de sus muchas edades de hielo. Los glaciares se extendieron de polo a polo y cubrieron de hielo todo el planeta durante 300 millones de años. Sin embargo, la Gran oxidación y el posterior episodio de la Tierra bola de nieve fueron el tipo de desastres apocalípticos en los que la vida en la Tierra siempre ha prosperado. Muchos seres vivos murieron, pero la vida se vio impulsada a experimentar su siguiente revolución.

Durante los primeros 2.000 millones de años de la historia de la Tierra, la forma de vida más sofisticada se basó en la célula bacteriana. Las células bacterianas son muy simples, tanto si se trata de una sola célula como si conforman láminas en el fondo del océano o los largos filamentos de cabello de ángel de las cianobacterias. Cada bacteria individual es diminuta. En la cabeza de un alfiler, podrían caber tantas bacterias como los juerguistas que asistieron a Woodstock y sobraría espacio.[13]

Bajo el microscopio, las células bacterianas parecen simples y anodinas. Esta simplicidad es engañosa. En cuanto a sus hábitos y hábitats, las bacterias son muy adaptables. Pueden vivir en casi cualquier lugar.

El número de células bacterianas en (y sobre) un cuerpo humano es mucho mayor que el número de células humanas en ese mismo cuerpo. A pesar de que algunas bacterias causan graves enfermedades, no podríamos sobrevivir sin la ayuda de las bacterias que viven en nuestros intestinos y nos permiten digerir los alimentos.

Y el interior del cuerpo humano, a pesar de su amplia variación de acidez y temperatura, es, en términos bacterianos, un lugar agradable. Hay bacterias para las que la temperatura de una tetera hirviendo es como un día templado de primavera. Hay bacterias que prosperan en el petróleo crudo, en los disolventes que provocan cáncer, en los seres humanos o, incluso, en los residuos nucleares. Hay bacterias que pueden sobrevivir al vacío del espacio, a temperaturas o presiones extremas, o enterradas en granos de sal, y lo hacen durante millones de años.[14]

Las células bacterianas pueden ser pequeñas, pero son notablemente gregarias. Diferentes especies de bacterias se agrupan para intercambiar sustancias químicas. Los productos de desecho de una especie pueden servir de alimento a otra. Los estromatolitos —como hemos visto, los primeros signos visibles de vida en la Tierra— eran colonias de diferentes tipos de bacterias. Las bacterias pueden, incluso, intercambiar partes de sus propios genes entre sí. Este fácil intercambio es lo que hace que, hoy en día, las bacterias puedan desarrollar resistencia a los antibióticos. Si una bacteria no tiene un gen de resistencia a un determinado antibiótico, puede obtenerlo de la lucha genética de otras especies con las que comparte su entorno.

La tendencia de las bacterias a formar comunidades de diferentes especies fue lo que condujo a la siguiente gran innovación evolutiva. Las bacterias llevaron la vida en grupo al siguiente nivel: la célula nucleada.

Hace más de 2.000 millones de años, en algún momento, pequeñas colonias de bacterias comenzaron a adoptar el hábito de vivir dentro de una membrana común.[15] Todo comenzó cuando una pequeña célula bacteriana, llamada *arquea*,[16] se encontró con que dependía de algunas de las células que la rodeaban para obtener nutrientes vitales. Esta pequeña célula extendió sus flagelos hacia sus vecinas para poder intercambiar genes y materiales con mayor facilidad. Los participantes de lo que había sido una comuna libre de células se volvieron cada vez más interdependientes.

Cada miembro se concentraba solo en un aspecto particular de la vida.

Las cianobacterias se especializaron en la recolección de la luz solar y se convirtieron en cloroplastos, las manchas verdes brillantes que actualmente se encuentran en las células vegetales. Otros tipos de bacterias se dedicaron a liberar energía a partir de los alimentos y se convirtieron en los diminutos paquetes de energía de color rosa llamados *mitocondrias*, que se encuentran en casi todas las células que tienen núcleo, ya sean vegetales o animales. [17] Cualquiera fuera su especialidad, todas ellas reunieron sus recursos genéticos en la arquea central, que se convirtió en el núcleo de la célula: la biblioteca de la célula, el depósito de información genética, su memoria y su herencia. [18]

Esta división del trabajo hizo que la vida de la colonia fuera mucho más eficiente y racionalizada. Lo que antes era una colonia de individuos dispersos se convirtió en una entidad integrada, un nuevo orden de vida: la célula nucleada o *eucariota*. Los organismos formados por células eucariotas, ya sea por una sola célula (unicelulares) o por células agrupadas (multicelulares), se denominan *eucariotas*. [19]

La evolución del núcleo permitió un sistema de reproducción más organizado. Las células bacterianas suelen reproducirse dividiéndose por la mitad para crear dos copias idénticas de la célula madre. La variación derivada de la adición de material genético adicional es fragmentaria y aleatoria.

En cambio, en los eucariotas cada progenitor produce células reproductoras especializadas como vehículos para un intercambio de material genético con una sofisticada coreografía. Los genes de ambos progenitores se mezclan para crear el modelo de un individuo nuevo y distinto, diferente de cualquiera de ellos. A este elegante intercambio de material genético lo llamamos «sexo».[20] El aumento de la variación genética como consecuencia del sexo impulsó un aumento de la diversidad. El resultado fue la evolución de una gran cantidad de tipos diferentes de eucariotas y, con el tiempo, la aparición de agrupaciones de células eucariotas para formar organismos multicelulares.[21] Los eucariotas surgieron, silenciosa y modestamente, entre 1.850 y 850 millones de años atrás.[22] Comenzaron a diversificarse hace unos 1.200 millones de años, en formas reconocibles, como los primeros parientes unicelulares de las algas y los hongos, y protistas unicelulares, o lo que solíamos llamar *protozoos*.[23] Por primera vez, se alejaron del mar y colonizaron estanques y arroyos interiores de agua dulce.[24] Costras de algas, hongos y líquenes[25] comenzaron a adornar las costas marinas antes desprovistas de vida.

Algunos, incluso, experimentaron con la vida multicelular, como el alga *Bangiomorpha*, de 1.200 millones de años de antigüedad,[26] y el hongo *Ourasphaira*, de aproximadamente 900 millones de años.[27] Pero había cosas más extrañas. Los primeros signos conocidos de vida multicelular tienen 2.100 millones de años. Algunas de estas criaturas tienen hasta 12 centímetros de ancho, por lo que difícilmente se pueden considerar microscópicas, pero su forma es tan extraña para nuestros ojos modernos que su relación con las algas, los hongos u otros organismos no es clara.[28] Podría tratarse de alguna forma de bacteria colonial, pero no podemos descartar la posibilidad de que alguna vez hayan existido categorías enteras de organismos vivos —bacterias, eucariotas o algo completamente distinto— que se extinguieron sin dejar descendencia y que, por tanto, nos resultan difíciles de comprender.

Los primeros rumores de la tormenta que se avecinaba se produjeron por la ruptura de un supercontinente, Rodinia, que comprendía todas las masas terrestres importantes de la época.[29] Una de las consecuencias de la ruptura fue una serie de eras de hielo como no se había visto desde la Gran oxidación. Las eras de hielo duraron 80 millones de años y, como había sucedido anteriormente, todo el globo quedó cubierto de hielo. Pero la vida respondió una vez más y superó el desafío.

La vida entró en combate con una variedad de pacíficas algas marinas, hongos y líquenes.

Surgió resistente, móvil y provocadora.

Porque si la vida en la Tierra se forjó en el fuego, se endureció en el hielo.

Línea de tiempo 2. La vida en la Tierra

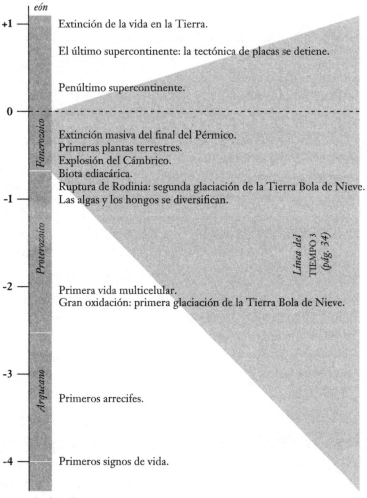

eón

+1 — Extinción de la vida en la Tierra.

El último supercontinente: la tectónica de placas se detiene.

Penúltimo supercontinente.

0 —

Fanerozoico

Extinción masiva del final del Pérmico.
Primeras plantas terrestres.
Explosión del Cámbrico.
Biota ediacárica.
Ruptura de Rodinia: segunda glaciación de la Tierra Bola de Nieve.

-1 — Las algas y los hongos se diversifican.

Proterozoico

Línea del
TIEMPO 3
(pág. 34)

-2 — Primera vida multicelular.
Gran oxidación: primera glaciación de la Tierra Bola de Nieve.

-3 —

Arqueano

Primeros arrecifes.

-4 — Primeros signos de vida.

Edades en miles de millones
de años antes (menos) o
después (más) del presente.

DOS

ENCUENTRO DE ANIMALES

La desintegración del supercontinente Rodinia comenzó hace unos 825 millones de años y continuó durante casi 100 millones de años. Dejó un anillo de continentes alrededor del Ecuador. La ruptura estuvo acompañada de enormes erupciones volcánicas, que hicieron aflorar a la superficie grandes cantidades de roca volcánica, en su gran mayoría una roca ígnea llamada *basalto*. El basalto se erosiona fácilmente con la lluvia y las tormentas, y muchas de las nuevas masas terrestres fracturadas se encontraban en los trópicos, donde las altas temperaturas y la elevada humedad provocaron que la erosión fuera especialmente intensa.

El viento y el clima no solo arrojaron basalto a los océanos. También arrojaron a las profundidades inmensas cantidades de sedimentos que contenían carbono, que quedó fuera del alcance del oxígeno. Cuando el carbono puede oxidarse para formar dióxido de carbono, la Tierra se calienta por el efecto invernadero. Pero, cuando se elimina el carbono de la atmósfera, el efecto invernadero se detiene y la Tierra se enfría. Esta danza del carbono, el oxígeno y el dióxido de carbono ha marcado el ritmo en la historia posterior de la Tierra y de la vida que se arrastró sobre su faz.

El resultado de la erosión de los fragmentos de Rodinia fue que, durante unos 715 millones de años, la Tierra sufrió una serie de glaciaciones de alcance mundial que duraron unos 80 millones de años.

Al igual que sucediera durante el episodio que siguió a la Gran oxidación más de 1.000 millones de años antes, estas edades de hielo fueron un impulso para la evolución, ya que allanaron el camino para la aparición de un nuevo tipo de eucariota más activo: los animales. [1]

El carbono que fue arrastrado al mar entró en un océano que, aparte de una fina capa cerca de la superficie, no contenía casi oxígeno en contacto con la atmósfera. Aun así, la concentración de oxígeno en la atmósfera no era más que una décima parte del valor actual, y aún menos en la superficie del océano iluminada por el sol. Muy poco para sustentar a cualquier animal que fuera mucho más grande que el punto final de esta frase.

Sin embargo, hay algunos animales que consiguen subsistir con cantidades mínimas de oxígeno. Se trata de las esponjas. Las esponjas aparecieron por primera vez hace unos 800 millones de años[2] cuando Rodinia empezaba a desintegrarse.

Las esponjas eran y son animales muy simples. Aunque las larvas de las esponjas son pequeñas y móviles, las esponjas adultas permanecen en un lugar toda su vida. Una esponja adulta presenta una conformación sencilla, ya que no es más que una masa informe de células que presentan miles de pequeños agujeros (poros), canales y espacios. Las células que delimitan estos espacios atraen las corrientes de agua mediante el batido de unas extensiones en forma de pelo llamadas *cilios*. Otras células absorben los detritus de la corriente de agua. Las esponjas no tienen órganos ni tejidos definidos. Si se hace pasar una esponja viva a través de un tamiz y, luego, se devuelve al agua, la esponja se recompondrá en una forma diferente, pero estará tan viva como antes y con las mismas funciones. Es una vida sencilla que requiere poca energía y poco oxígeno. Pero no hay razón para despreciar lo que es simple. Después de establecerse, las primeras esponjas cambiaron el mundo.

Las esponjas que viven entre las capas de limo del fondo marino tamizan las partículas de materia del agua. El volumen de agua que atraviesa una esponja en un día es pequeño, pero miles de millones de esponjas a lo largo de decenas de millones de años tuvieron un impacto inmenso. El trabajo lento y constante de las esponjas trajo como consecuencia una acumulación aún mayor de carbono en el fondo marino, no disponible para la reacción con el oxígeno. Las esponjas también limpiaron el agua que las rodeaba de detritus que, de otro modo, habría sido digerido por las bacterias que, al descomponerlo, hubieran consumido el oxígeno. El resultado fue un lento aumento de la cantidad de oxígeno disuelto en el mar y en la capa de aire inmediatamente superior.[3]

Muy por encima de las esponjas, las medusas y unos pequeños animales parecidos a los gusanos, consumían eucariotas más pequeños y bacterias en el plancton, la región soleada del mar más cercana a la superficie.[4] Para empezar, había más oxígeno en las aguas superficiales, pero los cuerpos ricos en carbono de las criaturas del plancton, una vez que morían, en lugar de permanecer suspendidos en el agua, se hundían rápidamente hacia el fondo, lo que causaba que más carbono quedara fuera del alcance del oxígeno molecular. Esto, a su vez, hizo que se acumulara más oxígeno en el océano y en la atmósfera.

Aunque eran lo suficientemente grandes como para que algunas fueran visibles para el ojo humano sin un microscopio, muchas de las criaturas que formaban el plancton eran lo suficientemente pequeñas como para que los nutrientes y los desechos pudieran simplemente entrar y salir de sus cuerpos. Las que eran un poco más grandes desarrollaron un lugar particular para que los nutrientes entraran y para eliminar hacia afuera los desechos. Ese lugar era la boca, aunque cumplía una doble función: de boca y de ano.

El desarrollo de un ano diferenciado en algunas especies de gusanos, que de otro modo no se distinguirían de sus congéneres, provocó una revolución en la biosfera. Por primera vez, los desechos se concentraron en bolitas sólidas, en lugar de ser un lavado general de excrementos disueltos. Estas heces se hundieron rápidamente en el fondo marino en lugar de disolverse lentamente, lo que provocó una literal carrera hacia el fondo. Los agentes descomponedores que consumen el oxígeno empezaron a concentrar sus esfuerzos cerca del fondo marino, en lugar de hacerlo en toda la columna de agua. Los mares, antes turbios y estancados, se volvieron más claros y aún más ricos en oxígeno, lo suficiente para permitir la evolución de formas de vida más complejas.[5]

El desarrollo del ano tuvo otra consecuencia. Los animales con una boca en un extremo y un ano en el otro tienen una dirección de desplazamiento

distinta: una «cabeza» delante y una «cola» detrás. Al principio, estos animales vivían recogiendo restos de la espesa capa de limo que había permaneci-
do en el fondo del océano durante más de 2.000 millones de años.

Entonces empezaron a cavar bajo el limo. Y luego se comieron el
limo. El reinado indiscutible de los estromatolitos había terminado.

Y, cuando los animales se comieron todo el limo, empezaron a comerse unos a otros.

Todavía quedaba por enfrentar el pequeño problema de la glaciación
mundial. Pero el cambio evolutivo se nutre de la adversidad. Las algas
florecieron y proporcionaron a los primeros animales un alimento más
nutritivo que las bacterias.[6]

Y puede haber sucedido que la vida animal desarrollara una complejidad creciente por la propia gravedad de la glaciación global, llamada también la Tierra bola de nieve. De acuerdo con la máxima de que lo
que no te mata te fortalece, la vida animal tuvo, en sus inicios, que ser
resiliente para sobrevivir al período de adversidad más exigente de su
historia. Una vez que las glaciaciones retrocedieron —como lo han hecho todas las glaciaciones de la historia de la Tierra—, dejaron la vida
animal más austera, más agresiva y preparada para soportar todo lo que
la Tierra pudiera depararle.

La vida animal irrumpió en algún momento hace unos 635 millones de
años, en lo que se conoce como el período Ediacárico. Este primer brote de vida animal compleja fue un florecimiento de criaturas hermosas
y con forma de hoja alargada, muchas de las cuales desafían la catego-
rización.[7] Aunque algunas eran animales, otras podían ser líquenes,
hongos o criaturas coloniales de afinidad incierta, o algo tan extraño
que carecemos de medios de comparación.

Una de ellas, una criatura sorprendentemente bella llamada *Dickinsonia*, era ancha, pero plana como una tortita, y segmentada. Es fácil

imaginársela deslizándose grácilmente sobre el sedimento, como lo hacen hoy los gusanos planos o las babosas de mar.[8] Otro fósil llamado *Kimberella* podría haber sido un pariente muy temprano de los moluscos.[9] Otros, los rangeomorfos, son aún más difíciles de clasificar. Parecían barras de pan trenzado y probablemente permanecieron en un mismo lugar durante toda su vida, aunque, al igual que las plantas de fresa, surgían nuevas colonias alrededor del progenitor.[10] El mundo de estas criaturas extrañas y hermosas era plácido y tranquilo. Vivían en mares poco profundos y se esparcían a lo largo de la costa entre las algas.[11]

Las primeras criaturas del periodo Ediacárico solían tener el cuerpo blando y con forma de hoja. Aquellas que presentaban un aspecto más de animal y que podían desplazarse surgieron algo más tarde, aproximadamente hace unos 560 millones de años, junto con la aparición generalizada de lo que se conoce como las trazas fósiles (icnofósiles). Las trazas fósiles no son impresiones de las criaturas mismas, sino de los signos de sus actividades. Entre ellas, se incluyen marcas de huellas y madrigueras. Las trazas fósiles son tan intrigantes como las huellas de los criminales que acaban de abandonar la escena del crimen. A partir de una huella, podemos decir algo de la complexión del criminal e, incluso, de su intención. Pero no podemos decir mucho sobre, por ejemplo, la ropa que llevaba o las armas que portaba. Para conocer esta información, habría que atrapar al criminal en el acto. Rara vez, muy rara vez, podemos hacer lo mismo con las trazas fósiles. Uno de ellos es un fósil llamado *Yilingia spiciformis*, que vivió al final del período Ediacárico. De vez en cuando se encuentran especímenes al final de sus propios recorridos y, al parecer, son similares al tipo de gusanos segmentados que los pescadores utilizan hoy en día como cebo.[12]

Estas trazas tienen una importancia incalculable. Constituyen un eco, o una imagen posterior, de un momento de la evolución en el que los animales empezaron a desplazarse. Hasta ese momento, las criaturas solían estar arraigadas a un lugar, al menos durante una parte de su ciclo de vida. Las huellas y las trazas casi siempre las dejan animales acostumbrados a un movimiento dirigido y muscular. Si las fuentes de alimento están por todas partes, no hay necesidad de ir a buscarlo de un lugar a otro. Sin embargo, si un animal tiene una única dirección de desplazamiento, con la boca en un extremo, normalmente está buscando algo y ese algo es la comida. En algún momento, a mediados del período Ediacárico, los animales empezaron a comerse activamente unos a otros. Y, una vez que esto ocurrió, también empezaron a encontrar formas de evitar que se los comieran.

Un animal que excava en el barro necesita tener un cuerpo denso y resistente para poder penetrar en el sedimento. Hay varias formas de conseguirlo. El cuerpo de un animal de madriguera puede estar reforzado por un esqueleto interno, como el de un Jack Russell Terrier, o por un esqueleto externo, como el de un cangrejo. Los esqueletos externos suelen empezar siendo blandos y flexibles (como en una gamba), pero pueden volverse duros y mineralizados (como en una langosta). Otra forma consiste en que el cuerpo se organice como una serie de segmentos repetidos, cada uno de ellos contiene fluido y está separado de los segmentos anteriores y posteriores por una especie de tabique. Si los segmentos están contenidos en un resistente tubo externo de músculo, es posible ejercer presión sobre el suelo y penetrar en él. Y si te mueves así, entonces eres una lombriz de tierra.

Los parientes marinos de las lombrices de tierra hacen lo mismo, pero muchos tienen extremidades flexibles en cada segmento que los ayudan a excavar, a remar por el agua o a arrastrarse por la superficie. Algunos de los primeros rastros de animales fosilizados, como los del *Yilingia spiciformis*, podrían haber sido hechos por gusanos de este tipo.

Animales como los gusanos segmentados tienen una organización más sofisticada que las medusas, o incluso que los gusanos planos más simples. Y la diferencia crucial es que tienen tanto una parte interior como una exterior.

Las medusas y los gusanos planos simples, básicamente, no tienen interior. Su intestino es una cavidad en la superficie y su conexión con el exterior sirve tanto de boca como de ano.

Los animales más complejos, en cambio, tienen un intestino recto con una boca en un extremo y un ano en el otro. También pueden tener cavidades internas que separan el intestino de la superficie externa. Es en este espacio donde pueden desarrollarse los órganos internos.

En general, los animales como las medusas carecen de ese espacio de almacenamiento. La presencia de un espacio interno significa que el crecimiento del intestino y la superficie externa ya no están ligados, lo que permite el desarrollo de un canal alimentario (estómago e intestinos) grande y complejo, y un mayor tamaño en general. Un canal alimentario grande y un mayor tamaño resultan útiles si la ocupación elegida es la de comer a sus congéneres.

Si esa es tu ocupación, necesitarás dientes. Y si quieres evitar que te coman, necesitarás una armadura. Los animales del período Ediacárico edénico eran esencialmente blandos e indefensos. El exilio del Edén fue duro, despiadado y provocado por otra de las grandes convulsiones de la Tierra.

Ocurrió durante otro período de fuerte erosión, al final del período Ediacárico. La corteza terrestre se vio tan afectada por el clima que gran parte de la superficie terrestre fue erosionada, desgastada hasta el lecho de roca y arrastrada al mar. Esto tuvo dos efectos. En primer lugar, el nivel del mar subió notablemente, inundó las costas y creó más espacio para la vida marina. El segundo fue la repentina disponibilidad en el mar de elementos químicos como el calcio, un ingrediente esencial para las conchas y los esqueletos. [13]

Los primeros esqueletos mineralizados tienen unos 550 millones de años y pertenecían a un animal llamado *Cloudina*. Estos animales parecían conos de helado muy pequeños, apilados unos dentro de otros. [14] Los fósiles de *Cloudina* se encuentran en todo el mundo y, ya en esta fecha temprana, algunos de ellos muestran evidencia de haber sido perforados por algún depredador desconocido, pero de lengua afilada.[15] Un poco más tarde, hace unos 541 millones de años, una traza fósil llamada *Treptichnus* aparece ampliamente en el registro fósil. El *Treptichnus* es un tipo específico de madriguera en el fondo marino, hecha por animales desconocidos. Marca el inicio del período Cámbrico y la gran eflorescencia de la vida animal: animales que excavaban, nadaban, luchaban y se consumían unos a otros. Tenían esqueletos duros reforzados por compuestos de calcio. También tenían dientes.

Quizá los animales más conocidos del Cámbrico sean los trilobites. Se trata de artrópodos[16], es decir, animales con extremidades articuladas que se asemejan a las cochinillas. Fueron comunes en los mares desde el inicio del Cámbrico hasta el Devónico, cuando entraron en declive. Finalmente, se extinguieron a finales del Pérmico, hace unos 252 millones de años.

Los trilobites son relativamente comunes como fósiles. Todos los aficionados a las rocas tienen al menos uno en su colección, pero su familiaridad y ubicuidad no deben llevarnos a subestimarlos. Los trilobites eran de una belleza exquisita y tan complejos como cualquier animal actual. Tenían exoesqueletos que podían mudar a medida que crecían, al igual que los artrópodos actuales, desde los mosquitos más pequeños hasta las langostas más grandes. Lo más notable eran sus ojos, cada uno de ellos era una colección de docenas, incluso cientos, de facetas individuales, como los ojos de una libélula. Cada faceta se ha conservado en los fósiles como carbonato de calcio cristalino. Había variaciones, por supuesto. Algunos trilobites tenían ojos enormes, mientras que otros eran ciegos. Algunos se especializaban en hurgar en el fondo marino, mientras que otros eran mejores nadando.

Pero la vida en el Cámbrico no se limitaba a los trilobites.

Un día, hace unos 508 millones de años, en lo que hoy es la Columbia Británica, un alud de lodo arrastró parte del fondo oceánico a grandes profundidades, junto con todo lo que vivía en él, sobre él o encima de él. Los animales quedaron enterrados intactos, casi sin oxígeno. Como los animales fueron enterrados tan rápido, quedaron enteros. Incluso los detalles más finos de sus tejidos blandos permanecieron casi intactos durante los 500 millones de años siguientes. Durante este tiempo, las rocas se comprimieron, muy lentamente, hasta convertirse en esquisto y, en los últimos 50 millones de años aproximadamente, emergieron de los océanos para descansar entre los picos más altos de América del Norte, donde, desde que se descubrieron en 1909, se conocen como el Esquisto de Burgess. Las criaturas enterradas en su interior representan una rara instantánea de la antigua vida del fondo marino en el período Cámbrico.

Y menuda colección es. Un desfile de extremidades espinosas y articuladas, garras chirriantes y antenas plumosas, todo ello unido a animales oscuramente relacionados con los crustáceos, insectos y arañas actuales. Algunas de estas criaturas eran muy extrañas, incluso si se las compara con la exuberante diversidad de artrópodos modernos. Estaba la *Opabinia*, con cinco pedúnculos oculares y sus peculiares mandíbulas tubulares y alargadas, dispuestas en el extremo de un hocico en forma de manguera.

Allí estaba el *Anomalocaris*, un depredador de un metro de largo, que recorría las profundidades en busca de presas que pudiera meter en su boca circular, trituradora de basura, con sus afiladas pinzas. [17]

Y sobre todo, la *Hallucigenia*, una criatura con forma de gusano que se arrastraba por el fondo marino, protegido desde arriba por la doble hilera de largas e inmanejables espinas de la espalda.

Mientras los artrópodos se arrastraban por el fondo marino o nadaban por encima, un asombroso lugar para los gusanos se retorcía en el fango de abajo.

Muchas de las criaturas encontradas en el Esquisto de Burgess tienen solo un parentesco lejano con los animales actuales. [18] Sin embargo, es posible discernir con cuál de los muchos grupos principales de animales está relacionado cada fósil, aunque solo sea como primo remoto y excéntrico. Además de los artrópodos —en su sentido más amplio, que incluye a la *Hallucigenia* y a los fósiles parecidos a los modernos «gusanos de terciopelo», que se mueven entre la hojarasca de los bosques tropicales y tienen aspecto de lombriz de tierra, pero con patas rechonchas tipo Michelin— había bastantes animales relacionados con diversos tipos de gusanos que excavaban en el sedimento.

Respecto a los artrópodos y los moluscos, que son tan blandos como los artrópodos puntiagudos, al menos por dentro, el *Wiwaxia* combinaba el cuerpo de un gusano segmentado con la lengua córnea, o rádula, de un molusco, la misma rádula de las babosas actuales, que causa estragos en tus lechugas. Estaba, además, completamente vestido con un traje de cota de malla muy poco apropiado para las babosas.[19] Otro animal con rádula, pero que parecía un cruce de un colchón inflable con un molinillo de café, era el *Odontogriphus*, también pariente de los primeros moluscos.[20]

Por otra parte, existía el *Nectocaris,* una criatura muy primitiva, sin caparazón, parecida al calamar y el primer miembro conocido de los moluscos cefalópodos.[21] En la actualidad, entre los representantes de este grupo se incluyen el pulpo, uno de los invertebrados más inteligentes y extraños, y el calamar colosal, el más grande. La historia fósil de los cefalópodos es tan majestuosa como lo sugieren sus representantes modernos, con la evolución —no mucho después del *Nectocaris*— de los nautiloides, calamares con caparazones en forma de trompeta de varios metros de largo; y, finalmente, en la era de los dinosaurios, los amonites enrollados —algunos tan grandes como los neumáticos de un camión—, que recorrían graciosamente los océanos.

Desde el descubrimiento del Esquisto de Burgess, se han encontrado yacimientos similares de edades muy parecidas. Los yacimientos se extienden por todo el mundo desde el sur de Australia hasta Groenlandia y, entre ellos, se encuentra la Fauna de Chengjiang, en el sur de China. Todos ellos destacan por la fidelidad con la que se conservan los fósiles, hasta el más mínimo detalle. El fósil chino de camarón, *Fuxianhuia*, por ejemplo, se conoce con tanto detalle que es posible calcular el «cableado» nervioso de su cerebro.[22]

Una conservación tan sorprendente es extremadamente rara. Es el resultado de una tormenta perfecta de circunstancias geológicas y de la bioquímica de su enterramiento. En casi todos los casos en que se encuentran fósiles, se trata únicamente de partes duras ya impregnadas de minerales: conchas, huesos y dientes, y no de nervios, branquias o vísceras. Los fósiles de la misma edad aproximada que los del Esquisto de Burgess se conocen desde hace mucho tiempo, pero son todos del tipo duro y gelatinoso: un legado de la repentina infusión de minerales en el mar al final del Ediacárico, que permitió a los animales revestirse de una armadura.

La eflorescencia de formas de vida que se produjo en el Cámbrico en el transcurso de solo 56 millones de años no tiene parangón con nada anterior, salvo el propio origen de la vida, ni tampoco —hay que decirlo— con nada posterior. Aunque 56 millones de años es mucho tiempo, los 485 millones de años posteriores solo han visto reelaboraciones de temas ya bien elaborados. Es, por ejemplo, menos que el intervalo de 66 millones de años que ha transcurrido desde la extinción de los dinosaurios. No en vano esta convulsión sísmica de la evolución se conoce como la «explosión» del Cámbrico. Sin embargo, no fue una detonación repentina, sino un lento estruendo. Comenzó con la ruptura de Rodinia y la evolución y el eclipse de la extraña y bella fauna ediacárica, y continuó hasta hace unos 480 millones de años. [23]

Al final del período Cámbrico, todos los principales grupos de animales que existen en la actualidad habían hecho su primera aparición en el registro fósil. [24] No solo los artrópodos y diversos tipos de gusanos, sino también los equinodermos (animales con piel espinosa, como los erizos de mar) y los vertebrados (los animales con columna vertebral, entre los que nos encontramos nosotros). Uno de los primeros fue el *Metaspriggina*, similar a un pez, encontrado en el Esquisto de Burgess. En lugar de tener una armadura externa de calcita, tenía una columna vertebral interna y flexible, a la que estaban anclados poderosos músculos. Lo mejor para nadar, y rápido, para evitar la persecución nocturna de artrópodos gigantes como el *Anomalocaris*.

El *Metaspriggina* fue uno de los primeros verdaderos peces que entró en el registro fósil. Y su historia pertenece al siguiente capítulo.

Línea de tiempo 3. La vida compleja

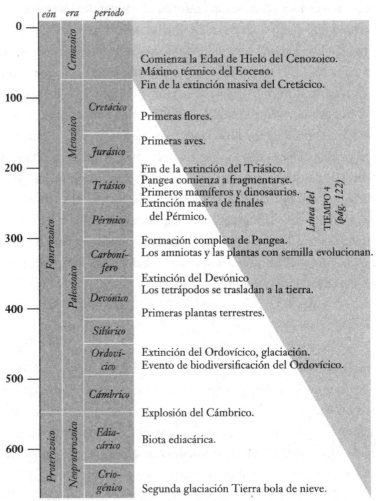

eón   era   periodo

0 —

Comienza la Edad de Hielo del Cenozoico.
Máximo térmico del Eoceno.
Fin de la extinción masiva del Cretácico.

100 —

Primeras flores.

Primeras aves.

200 —

Fin de la extinción del Triásico.
Pangea comienza a fragmentarse.
Primeros mamíferos y dinosaurios.
Extinción masiva de finales
  del Pérmico.

Línea del TIEMPO 4 (pág. 122)

300 —

Formación completa de Pangea.
Los amniotas y las plantas con semilla evolucionan.

Extinción del Devónico
Los tetrápodos se trasladan a la tierra.

400 —

Primeras plantas terrestres.

Extinción del Ordovícico, glaciación.
Evento de biodiversificación del Ordovícico.

500 —

Explosión del Cámbrico.

Biota ediacárica.

600 —

Segunda glaciación Tierra bola de nieve.

Edades en millones de
años antes del presente.

TRES

APARECE LA COLUMNA VERTEBRAL

Mientras los océanos cálidos y poco profundos del Cámbrico temprano se llenaban con el sonido de las pinzas de los artrópodos, los acontecimientos se sucedían abajo, en el fango arenoso de granos de mineral. Una pequeña criatura llamada *Saccorhytus*, no más grande que un alfiler, se ganaba la vida filtrando detritus del agua entre los granos.[1] La alimentación por filtración no era nada nuevo —las esponjas llevaban haciéndolo 300 millones de años— y muchas otras criaturas, como las almejas, la estaban reinventando. Buscar en el sedimento bocados comestibles es una forma barata y eficaz de ganarse la vida, especialmente para los animales pequeños con pocas exigencias metabólicas. El *Saccorhytus* era precisamente un animal así.

Con forma de patata, aunque mucho más pequeña, el *Saccorhytus* tenía una gran boca circular en un extremo, preparada para recibir una corriente de agua que era arrastrada, al modo de las esponjas, por filas de cilios ondulantes. A lo largo de cada lado tenía una línea de poros, como los ojos de buey de un barco, por los que salía el agua filtrada. En su interior, redes de moco pegajoso atrapaban partículas de detritus de la corriente de agua. La mayor parte del interior del *Saccorhytus* se destinaba a esta disposición de boca y ojos de buey, conocida como faringe. El moco se enrollaba en una cuerda y era tragado por un intestino interno, que, junto con el resto de las vísceras del animal, se empaquetaba en un espacio relativamente pequeño en la parte posterior. El ano era interno y las heces se eliminaban a través de los ojos de buey, junto con los espermatozoides u óvulos, expulsados por el progenitor para que tuvieran su oportunidad en el mundo exterior.

Pero *el Saccorhytus* estaba indefenso, tan presa de los caprichos de su entorno como de los granos minerales entre los que vivía. Innumerables animales fueron sin duda engullidos por filtradores indiscriminados, como esponjas o almejas, aunque estuvieran fuera del alcance de los grandes depredadores. Algunos de los descendientes del *Saccorhytus* evolucionaron hasta convertirse en más grandes, más móviles, con más armadura, más feroces, o una combinación de las cuatro cosas.

Cuanto más grande es un animal, menos probabilidades tiene de ser tragado entero, aunque puede correr el riesgo de ser picoteado a trozos. Para evitar este destino, algunos animales desarrollaron «trajes» como armaduras. Muchos otros animales ya lo habían hecho reforzando sus capas exteriores con carbonato de calcio, que extraían de los mares ricos en minerales. El carbonato de calcio es uno de los minerales más comunes (es la sustancia que compone la calcita, la tiza, la caliza y el mármol). Los mares del Cámbrico eran ricos en carbonato de calcio, sustancia que, al ser esculpida por los seres vivos, se convierte en nácar y forma los caparazones de almejas y crustáceos, las espículas microscópicas de las esponjas y la armadura sobre la que se construyen las fantásticas formas de los arrecifes de coral.

Algunos de los herederos acorazados del *Saccorhytus* crearon sus propios trajes distintivos de cota de malla, cada eslabón esculpido a partir de un solo cristal de calcita. Así se convirtieron en los equinodermos —los de piel espinosa—, los ancestros de las estrellas de mar y los erizos actuales. Todas las especies modernas de equinodermos tienen una forma corporal distintiva basada en el número cinco, totalmente diferente a la de cualquier otro animal. En el Cámbrico, sin embargo, sus formas eran más variadas. Aunque algunos tenían simetría bilateral, unos pocos eran trirradiales (es decir, con una simetría basada en el número tres), y otros eran completamente irregulares. Todos empezaron con la faringe bucal del *Saccorhytus*, aunque esta fue sustituida con el tiempo por otros modos de alimentación. Ningún equinodermo moderno se alimenta así.

Contra la depredación, pues, los equinodermos optaron por una estrategia de defensa acorazada. Otra solución, sin embargo, es la huida: nadar para alejarse del atacante lo más rápidamente posible. Esta solución fue adoptada por otra rama de los descendientes del *Saccorhytus*. Algunos de ellos sacaban una cola que salía de la parte posterior de la faringe, lo que les permitía nadar rápidamente para alejarse de cualquier amenaza potencial.

Esta cola comenzó siendo una varilla larga y dura, pero flexible, que evolucionó a partir de una ramificación del intestino. Esta estructura, llamada *notocorda*, es como uno de esos globos con forma de salchicha que los animadores retuercen para darles formas sorprendentes en las fiestas. Aunque es muy flexible, la notocorda puede volver a su forma original, larga y estrecha, cuando no está bajo tensión. Esta propiedad hacía que la notocorda fuera adecuada para anclar filas de músculos a ambos lados, que se contraían y relajaban alternativamente. De este modo, el cuerpo del animal adoptaba una serie de curvas en forma de «S», que lo impulsaban por el agua. Los músculos estaban coordinados por ramificaciones regularmente espaciadas de un nervio que corría a lo largo de la superficie superior: la médula espinal.

Los animales del Cámbrico llamados vetulicolias se parecen mucho a esta descripción.[2] Un vetulicolia de no más de unos pocos centímetros de largo tiene una faringe parecida a la del *Saccorhytus*, a la que se une una cola segmentada. Aunque algunos vetulicolias nadaban en aguas abiertas,[3] pasaban la mayor parte del tiempo enterrados, cautelosa y tranquilamente, en la arena, solo con la boca a la vista. Sin embargo, si se veían amenazados, podían agitar la cola y nadar rápidamente para alejarse del peligro, instalarse en otro lugar y utilizar la cola para cavar un nuevo refugio en la arena. Los primos de los vetulicolias eran los yunnanozoos, en los que la cola y la faringe habían empezado a crecer juntas. Además de crecer hacia atrás, la cola también se extendía hacia delante, sobre la parte superior de la faringe, y, finalmente, la encerraba y le daba una forma más parecida a la de un pez.[4] *Pikaia,* una extraña criatura del Esquisto de Burgess, era de este tipo.[5] Otro animal de este tipo era el *Cathaymyrus* de la biota Chengjiang de China.[6]

A primera vista, el *Cathaymyrus* parecía un filete de anchoa. Aunque su notocorda y sus bloques de músculo eran fáciles de ver (la parte delantera que encierra la faringe) aún le faltaba mucho desarrollo. Una única mancha de pigmento en la parte delantera le servía de ojos. Carecía de cabeza, de escamas, de orejas, de nariz, de cerebro, de casi todo. El Mago de Oz hubiera encontrado en él un cliente dispuesto, pero habría rechazado de plano cualquier invitación a unirse a Dorothy y a sus amigos en su marcha por el camino de baldosas amarillas. Sin embargo, el *Cathaymyrus* y sus parientes han vivido con éxito, aunque modestamente, durante 500 millones de años, con la cola enterrada, en los intersticios del mundo, donde han pasado casi todo su tiempo filtrando los detritus del agua del mar de forma tradicional. Solo cuando se veían amenazados, se atrevían a lanzarse y nadar hasta encontrar un refugio más seguro. Algunos de los parientes del *Cathaymyrus* han sobrevivido hasta nuestros días y se conocen como lancetas o anfioxos.

El *Cathaymyrus* combinaba faringe y cola en un único animal aerodinámico. Sin embargo, algunos de sus primos adoptaron un modo de vida totalmente diferente. En lugar de integrar la faringe y la cola, estas criaturas, los tunicados, las desconectaron y aprovecharon cada una de ellas en una fase diferente de la vida.[7] La larva de los tunicados consiste principalmente en una cola, con un cerebro simple, una zona pigmentada que le sirve de ojo y un órgano sensor de la gravedad. Estos sentidos son rudimentarios, pero le sirven para distinguir la luz de la oscuridad y detectar el camino hacia abajo. La larva solo tiene una faringe rudimentaria y no puede alimentarse, lo que es totalmente coherente con su propósito: buscar un sitio, profundo y oscuro, donde poder establecerse como adulto. Una vez que encontraba un sitio adecuado, el animal metía primero la cabeza en el lugar. La cola se reabsorbía y la criatura se hinchaba en lo que era esencialmente una faringe gigantesca, dedicada a la alimentación. El hecho de estar enterrado en un lugar lo convertía en una presa fácil, por lo que los tunicados desarrollaron su propia armadura, en forma de túnica (de ahí el nombre de *tunicados*) hecha de celulosa. Esta sustancia, que solo se encuentra en las plantas, es totalmente indigesta. Las «túnicas» de los tunicados pueden contener otras sustancias exóticas extraídas del agua de mar, como níquel o vanadio y, a veces, los minerales las endurecen. El tunicado *Pyura,* por ejemplo, parece una roca hasta que se rompe. Los tunicados han vivido así desde el Cámbrico.[8]

Los tunicados siempre se han alimentado mediante el sistema de filtración por boca y orificios de la faringe, primero utilizados por el *Saccorhytus.*[9] Sus primos más cercanos, los vertebrados, siguieron un camino totalmente distinto. Transformaron lo que antes ofrecía una vía de escape —la notocorda y la cola— en un medio de locomoción. El *Cathaymyrus* y sus parientes utilizaban la cola apoyada en la notocorda solo durante impulsos breves. En los tunicados, la cola reforzada por la notocorda solo evolucionó en la larva, que la utilizaba específicamente para encontrar un buen lugar para asentarse y, una vez asentada, allí se quedaba. Estos animales solo necesitaban una información mínima sobre su destino. Para ellos, el propósito de la cola era la salida rápida en un viaje que terminaba pronto.

Sin embargo, ningún vertebrado ha pasado nunca una cantidad apreciable de parte de su ciclo vital fijado en un lugar.[10] Estar constantemente al acecho exigía una batería de sentidos mucho más completa. Los vertebrados desarrollaron un par de ojos grandes, un refinado sentido del olfato y un elaborado sistema para detectar las corrientes de agua.[11] Los vertebrados se volvieron mucho más sensibles a su entorno y al lugar que ocupaban en él que cualquier otro miembro de la escuela del *Saccorhytus*: los tunicados, los anfibios, los vetulicolias, los equinodermos, etcétera. Un sistema sensorial elaborado requería un cerebro complejo y centralizado. Los cerebros de los vertebrados igualaban o incluso superaban la complejidad de los cerebros de otros animales de gran movilidad, como los crustáceos, los insectos o el decano del movimiento, el pulpo, aunque estos cerebros se hubieran conformado siguiendo líneas totalmente diferentes.

Y así fue cómo, de las tinieblas del fondo marino del Cámbrico, surgieron, como destellos de sol que revolotean por el agua, peces como el *Metaspriggina*,[12] el *Myllokunmingia* y el *Haikouichthys*.[13] Estas criaturas son la prueba de que los vertebrados habían evolucionado y se habían extendido a mediados del Cámbrico. Estos primeros peces tenían boca, pero no mandíbulas, y una faringe, aunque ya no se utilizaba para la alimentación por filtración. Al ser animales mucho más activos que sus primos tunicados, los vertebrados necesitaban un suministro más eficiente de oxígeno. Los antiguos orificios faríngeos que se remontaban al *Saccorhytus* se transformaron en hendiduras branquiales. El agua que entraba por la boca era expulsada por las branquias mediante la acción muscular. Las branquias, ricas en vasos sanguíneos, extraían el oxígeno del agua y expulsaban el dióxido de carbono. Los vertebrados, entonces, tomaron la faringe y la potenciaron. Los campos de rítmicos cilios fueron sustituidos por filas de músculos para la ventilación —es decir, la respiración— y la captura activa de presas.[14]

Los vertebrados necesitan más energía que otros animales, en parte, porque en general son bastante grandes. Las ballenas y los dinosaurios, todos ellos vertebrados, son los animales más grandes que han existido, pero no son los únicos. Pensemos en peces como el tiburón ballena y el tiburón peregrino; reptiles como la pitón y otras boas constrictoras, y el dragón de Komodo; mamíferos como los elefantes y los rinocerontes. Pocos invertebrados pueden igualar su tamaño. Los seres humanos también somos extraordinariamente grandes para los animales.[15] Es cierto que algunos vertebrados pueden ser muy pequeños, con un peso de unos pocos gramos, pero todos los vertebrados son visibles a simple vista. Muchos de los invertebrados, en cambio, apenas son visibles sin una lupa o un microscopio. [16]

Los insectos son los invertebrados más numerosos y se sostienen con un esqueleto externo hecho de una proteína flexible llamada *quitina*. Cuando los insectos necesitan crecer, se desprenden de todo su esqueleto externo, se hinchan y esperan a que el nuevo exoesqueleto, todavía bastante blando, se endurezca, antes de poder moverse. Esta es una de las razones por la que los insectos son pequeños. A partir de cierto tamaño, sin apoyo, un insecto sin exoesqueleto se aplastaría bajo su propio peso. Los primos cercanos de los insectos, los crustáceos, también mudan de exoesqueleto, pero viven principalmente en el agua, que soporta su peso. Esto significa que los crustáceos pueden crecer algo más que los insectos. Piensa, por ejemplo, en los cangrejos o las langostas, que pueden crecer mucho más que cualquier insecto. Sin embargo, incluso la langosta más grande es un pequeño animal comparado con muchos vertebrados.

Los vertebrados más primitivos que existen en la actualidad son las lampreas y los mixinos. No tienen armadura externa y probablemente han sido así desde que evolucionaron. Al igual que el *Metaspriggina* y otros peces muy primitivos, también carecen de mandíbulas y aletas pareadas. Sin embargo, otros vertebrados adoptaron gruesas capas de blindaje. Los peces acorazados aparecieron más tarde en el Cámbrico. Aunque seguían careciendo de mandíbulas y se sostenían internamente por una notocorda, la mayoría de los primeros peces estaban revestidos de una armadura. [17] A menudo se trataba de un conjunto de placas sólidas alrededor de la cabeza y la faringe, pero sueltas y más escamosas en el extremo posterior, para permitir el movimiento de la cola. La armadura no estaba compuesta de calcita o carbonato de calcio, sino de un mineral diferente, la hidroxiapatita, una forma de fosfato de calcio. La armadura de fosfato de calcio es única en los vertebrados del reino animal. [18]

La coraza de los primeros peces solía ser una variante de un grueso pastel de hidroxiapatita compuesto de tres capas. En la base, tenía una capa esponjosa; en el centro, una variedad algo más densa; y, en la parte superior, una fina capa de una forma muy dura y muy densa de hidroxiapatita. Estas tres capas se conocen ahora, respectivamente, como *hueso*, *dentina* y, por último, *esmalte*, la sustancia más dura de cualquier organismo vivo. En la actualidad, estas tres capas de hueso, dentina y esmalte se encuentran solo en nuestros dientes. Cuando los tejidos duros evolucionaron por primera vez en los vertebrados, había, en esencia, dientes por todo el cuerpo. Incluso hoy, cada una de las escamas de los tiburones tiene la forma de un diminuto diente, razón por la cual la piel de los tiburones es abrasiva y se utilizaba antiguamente como papel de lija.

Los vertebrados desarrollaron la armadura por la misma razón por la que otras criaturas del Cámbrico se revistieron de tejidos duros: como medio de defensa.[19] La evolución de los peces acorazados coincidió con la aparición de los nautiloides depredadores y de los gigantescos escorpiones marinos, llamados euriptéridos.[20] Quizás el euriptérido más aterrador fue el *Jaekelopterus*, que vivió en el Devónico. Una pesadilla con grandes ojos saltones y enormes pinzas, que llegaba a medir unos 2,5 metros y probablemente se alimentaba de peces.[21]

El primer grupo de peces que se revistió de armadura fue el de los Pteráspisdos Aunque el blindaje de la cabeza de los pteráspisdos se extendía a veces a ambos lados para actuar como hidroplanos, estos peces no tenían un par de aletas flexibles. Aunque sabemos que los pteráspisdos tenían una gruesa coraza externa, conocemos muy poco sobre su interior: su caja craneana estaba compuesta por cartílago, que se descompone fácilmente, y se sostenía internamente por una notocorda cartilaginosa, esponjosa y a la vez espinosa. Sin embargo, en algunos peces acorazados, el cartílago blando del interior de la cabeza se mineralizó, lo que ha permitido conservar con gran detalle las formas del cerebro, y los vasos sanguíneos y nervios asociados. Estos fósiles demuestran que estos peces acorazados sin mandíbula estaban conformados de la misma manera que las lampreas: lampreas con armadura.

Los peces acorazados sin mandíbulas pulularon por los mares desde el último Cámbrico hasta el final del Devónico y presentaban una gran variedad de formas extraordinarias. Algunos tenían una armadura en forma de placas y pasaban gran parte de su tiempo nadando por el fondo marino o buscando detritus en el barro. En otros, como los estilizados thelodontes,[22] la armadura era una rugosa piel de tiburón con una cota de malla más flexible, que permitía un movimiento más rápido en aguas abiertas.

Los primeros peces, como el *Metaspriggina*, tenían un par de ojos juntos justo en la parte delantera, como los faros de las motos. No había espacio para la nariz, ni para las fosas nasales. El olfato era cosa de las células de la faringe, un remanente de la antigua herencia de alimentación por filtración de los vertebrados. En los peces pteráspidos, sin embargo, los ojos se desplazaron hacia los lados de la cabeza para dar paso a una única fosa nasal, ubicada en la parte superior de la cabeza. El cerebro se dividió en dos hemisferios, izquierdo y derecho, y, por lo tanto, la cara se ensanchó.[23]

El único orificio nasal de los pteráspidos (como en las lampreas) conducía a un único órgano sensorial, el saco nasal, en contacto con la base del cerebro. Otros peces sin mandíbula, sin embargo, evolucionaron en una nueva dirección. Los fósiles del cerebro de un pez sin mandíbula, *Shuyu*[24], muestran que tenía dos sacos nasales que se abrían en la cavidad bucal en lugar de una única fosa nasal que se abría por separado en la parte superior de la cabeza. Esta disposición, que ensancha aún más la cara, es totalmente característica de los vertebrados con mandíbulas, pero no de las lampreas ni de los pteráspidos. Algunos otros peces avanzados sin mandíbulas también presentaban aletas pectorales de a pares (el par que se encuentra justo detrás de la cabeza), algo que ni las lampreas ni los pteráspidos ostentaban, pero que es una característica típica de los vertebrados con mandíbulas. Así pues, el escenario estaba preparado para la evolución de las mandíbulas.

Cuando los peces acorazados evolucionaron para cruzar esa línea, se convirtieron en un tipo de animal completamente nuevo.[25] En la actualidad, las especies con mandíbulas constituyen más del 99 % de todos los vertebrados. De los vertebrados sin mandíbula, solo quedan las lampreas y los mixinos.

Las mandíbulas evolucionaron cuando el primer arco branquial —la división cartilaginosa entre la boca y la primera hendidura branquial— se articuló en el centro y se cortó por la mitad, hacia atrás, para convertirse en las mandíbulas superior e inferior. Esto provocó que la primera hendidura branquial se comprimiera hasta convertirse en un pequeño agujero, el espiráculo, justo detrás y por encima de la mandíbula superior.

Los primeros vertebrados con mandíbulas fueron los placodermos y, a primera vista, se parecían a cualquier otro pez acorazado, con gruesos escudos óseos en la cabeza. Una inspección más detallada revela, además de las mandíbulas, otros refinamientos que solo se ven en los vertebrados con mandíbulas, como un segundo conjunto de aletas pareadas además de las pectorales. Se trata de las aletas pélvicas, situadas más o menos a ambos lados del ano.[26] Los placodermos se originaron en el período Silúrico ya avanzado y prosperaron hasta el final del Devónico.

Los placodermos más primitivos, los antiarcas, tenían una armadura tan gruesa como la de cualquier pteráspsido. En cambio, los placodermos más sofisticados, los artrópodos, llevaban generalmente (aunque no siempre) una armadura más ligera y uno de ellos, el *Dunkleosteus*, que alcanzaba los 6 metros de longitud y tenía unas enormes mandíbulas afiladas, se convirtió en el principal depredador del océano Devónico.

Nota que me refiero a las mandíbulas del *Dunkleosteus*, no a los dientes, porque los placodermos no tenían ningún diente que pudiéramos reconocer.[27] Las superficies cortantes de las formidables mandíbulas de esta criatura estaban formadas por los bordes afilados de los propios huesos.

Uno de los placodermos más avanzados fue el *Entelognathus*, aunque con una edad de 419 millones de años, ya entrado el perído Silúrico, se encuentra entre los más antiguos conocidos.[28] El *Entelognathus* tenía la cabeza y el tronco fuertemente acorazados característicos de un artrópodo, aunque, con unos 20 centímetros de longitud, era mucho más pequeño que su monstruoso primo *Dunkleosteus*.

Otra diferencia con respecto al *Dunkleosteus* —y a cualquier otro placodermo— era que las mandíbulas estaban bordeadas de huesos reconocibles si se compara con un pez óseo moderno: tenía una mandíbula superior (maxilar) y una inferior (mandíbula) distintas. Esta criatura, el *Entelognathus*, fue el primer vertebrado capaz de esbozar algo así como una sonrisa.

Aunque los placodermos no sobrevivieron al final del Devónico, otros tres grupos de vertebrados con mandíbula surgieron de ancestros placodermos. Se trata de los peces cartilaginosos (tiburones, rayas y sus parientes); los peces óseos (que incluyen a la mayoría de los peces modernos, desde los esturiones y los peces pulmonados hasta las sardinas y los caballitos de mar, y a todos los vertebrados terrestres, incluidos nosotros), y otro grupo totalmente extinguido llamado *acantodios*, o tiburones espinosos.

Los acantodios llegaron hasta el período Pérmico antes de extinguirse. En la mayoría de los peces cartilaginosos y óseos, la notocorda —cuerda firme pero flexible que sostiene el cuerpo— es sustituida, durante el desarrollo, por una estructura segmentada, la columna vertebral. En los peces cartilaginosos, la columna vertebral es, por supuesto, cartilaginosa, aunque a veces está mineralizada en cierta medida. En los peces óseos, el cartílago suele estar sustituido por hueso. No se sabe si los placodermos o los acantodios tenían una columna vertebral en lugar de una notocorda, aunque, si la tenían, habría sido cartilaginosa.[29]

Los acantodios eran más escamosos que acorazados y se distinguían por tener una espina prominente en el borde anterior de cada aleta. Sin embargo, su anatomía interna era totalmente cartilaginosa y bastante similar a la de los tiburones.[30] Los acantodios fueron una de las primeras ramas de los peces cartilaginosos, un grupo que sobrevive y prospera en la actualidad.

Junto al *Entelognathus,* en los mares del Silúrico, vivía un pez llamado *Guiyu.* Este fue el primer miembro conocido de los peces óseos, el grupo que incluye a la gran mayoría de los vertebrados actuales.[31] Hubo peces óseos anteriores a *Guiyu,* pero sus fósiles son bastante fragmentarios y discutibles. Sin embargo, *Guiyu* es especial, no solo porque esté bien conservado o porque sea un pez óseo. Es especial porque se encuentra entre los primeros peces que pertenecen al grupo conocido como peces óseos de aletas lobuladas, una rama peculiar de los peces óseos que evolucionaron hasta convertirse en vertebrados terrestres, incluidos nosotros.

CUATRO

EN LA ORILLA

A estas alturas, los océanos estaban repletos de criaturas, desde el exuberante estallido de vida en el Cámbrico temprano hasta los mares repletos de peces del Devónico. Pero pocos organismos se habían atrevido aún a aventurarse por encima de la superficie de las aguas, en tierra firme. Y con razón.

En primer lugar, durante mucho tiempo hubo muy poca tierra, los continentes se acrecentaron lentamente. Cuando las placas tectónicas chocaron, surgieron arcos de islas volcánicas. Cúmulos de magma procedentes de las profundidades de la Tierra perforaron la corteza y crearon más islas. Estas islas se unieron a otras y, empujadas por el inquieto núcleo que había debajo, se convirtieron en los primeros continentes.

En segundo lugar, la vida en tierra era dura. El agua es una cuna que protege. Sin flotar, las criaturas sienten cada gramo de su propio peso, que las empuja hacia abajo. Bajo un sol abrasador, sus tejidos pueden secarse pronto. Sin una película constante de agua, las branquias no pueden funcionar, por lo que un animal es incapaz de respirar. Cualquier valiente aventurero en tierra firme habría sido aplastado, desecado y asfixiado. Los pioneros en tierra firme habrían encontrado allí un entorno casi tan hostil como el espacio vacío.

Habría sido despiadado también, sin más superficie que la roca volcánica estéril. No había árboles para ofrecer sombra, porque los árboles aún no habían evolucionado. No había más suelo que el polvo arrastrado por el viento, porque es la acción de los seres vivos —raíces, hongos, gusanos excavadores— la que crea y enriquece los suelos en los que pueden crecer las plantas. La Tierra, por encima de la línea de flotación, era un desierto tan seco y sin vida como la superficie de la Luna, que se vislumbraba en el horizonte.

Pero la vida, como hemos visto, tiende a superar los retos. Un entorno completamente nuevo, libre de la competencia del bullicioso océano, ofrecía oportunidades sin explotar para la diversidad y el crecimiento a aquellas criaturas que pudieran encontrar la forma de domesticarlo. El primer paso fue la colonización de estanques y arroyos interiores por parte de las algas, lo que ocurrió hace al menos 1.200 millones de años.[1] Puede que, incluso entonces, las costras de bacterias, algas y hongos se escondieran en rincones resguardados a lo largo de la árida orilla del mar. Es posible que algunos de los animales con forma de hoja del Ediacárico pasaran algún tiempo por encima de la línea de flotación, si quedaban atrapados entre las mareas.[2] En el Cámbrico, una criatura desconocida se deslizó por las playas bajas y arenosas del continente de Laurentia,[3] dejó rastros que se parecen extrañamente a las huellas de los neumáticos de las motocicletas.[4] Pero eran solo acciones de un osado desafío, como si el motociclista hubiera realizado unas cuantas acrobacias antes de buscar refugio una vez más bajo las olas. La vida se había aventurado a incursionar en la tierra, pero aún no había llegado para quedarse.

La invasión de la tierra comenzó verdaderamente a mediados del Ordovícico, hace unos 470 millones de años[5], casi al mismo tiempo que un impulso de innovación evolutiva en el mar reemplazó a muchas de las extrañas criaturas del Cámbrico por las de un elenco más moderno.[6] Las plantas pequeñas y rastreras, como las hepáticas y los musgos, dejaron millones de minúsculas huellas en la tierra. Fueron sus esporas, duras y resistentes a la desecación, las que les permitieron ser algo más que visitantes ocasionales. Los árboles alcanzaron el cielo poco después. Los primeros eran nematofitas. Uno de ellos, el *Prototaxites*, tenía un tronco de más de un metro de diámetro y alcanzaba varios metros de altura. No era un árbol, ni siquiera un helecho arbóreo, sino un liquen gigante, un hongo asociado con un alga.

Debajo, la Tierra seguía moviéndose. Un episodio de erupciones volcánicas arrojó rocas que reaccionaron bien con el dióxido de carbono y lo eliminaron de la atmósfera. Sin dióxido de carbono para estimular el efecto invernadero, la Tierra se enfrió. Al mismo tiempo, el gigantesco continente austral Gondwana se desplazó sobre el Polo Sur. Los glaciares volvieron a formarse en la tierra y absorbieron agua del mar, de modo que el nivel del mar bajó y, por lo tanto, también se redujo el espacio de las plataformas continentales donde vivían la mayoría de los animales. Esta Edad de Hielo duró aproximadamente 20 millones de años, hace unos 460 a 440 millones de años. No fue tan cataclísmica como la que vio el Ediacárico, y menos aún la que impulsó la Gran oxidación. Sin embargo, muchas especies de animales marinos se extinguieron.

La vida, como siempre, respondió a los cambios del entorno. Tras la glaciación, aparecieron plantas resistentes, parecidas a los helechos, con esporas aún más resistentes a la desecación que las hepáticas. Las hepáticas, superadas por la competencia, se vieron obligadas a desplazarse a los lugares húmedos y sombríos en los que todavía viven. La tierra, antes desnuda, se vistió de un verde brillante.

A finales del Silúrico, hace unos 410 millones de años, había bosques de nematofitas, musgos y helechos. Las raíces de las plantas empezaron a triturar las rocas que había debajo de ellas y formar el suelo. Con el suelo, evolucionaron los hongos del suelo, y algunos de ellos —las micorrizas— se unieron a las plantas para formar asociaciones beneficiosas. Los hongos se extendieron por el suelo y extrajeron minerales importantes para el crecimiento de las plantas. A cambio, las plantas les ofrecían alimento, fabricado mediante la fotosíntesis. Las plantas con extensiones de micorrizas en sus raíces se desarrollan mucho mejor que las que no las tienen. Hoy en día, prácticamente todas las plantas crecen gracias a una micorriza oculta en el suelo alrededor de las raíces.[7]

Expuestas al viento y a la intemperie, las plantas desprendieron cascarilla, esporas y otras materias y, en los espacios húmedos de la hojarasca del bosque, comenzaron a arrastrarse pequeños animales.

Los primeros animales terrestres fueron pequeños artrópodos: centipedos, animales parecidos a las arañas, como los opiliones, y colémbolos, primos cercanos de los insectos, que pronto evolucionarían y se convertirían en los animales terrestres más exitosos que ha visto la Tierra, tanto en términos de número de individuos como de especies.

A lo largo del Devónico, los bosques crecieron y se extendieron. Los bosques no se parecían mucho a los actuales.[8] Los primeros árboles forestales, los cladoxilópidos, por ejemplo, eran más bien juncos gigantes, que extendían tallos huecos y sin ramas de unos 10 metros hacia el cielo y terminaban en estructuras parecidas a cepillos, como batidores matamoscas.[9] Más tarde se añadieron plantas similares a los musgos y a la cola de caballo de campo, *Equisetum*, que aún hoy se encuentra en lugares húmedos. Las formas modernas son muy pequeñas; sus antiguos parientes eran gigantes.

El *Lepidodendron* alcanzaba los 50 metros de altura; las colas de caballo, 20 metros. La mayoría de estos árboles eran huecos. No contenían duramen y se sostenían gracias a las gruesas cortezas externas. Algunos de los árboles, como el *Archaeopteris*, se parecían más a los árboles actuales y tenían duramen, salvo que desprendían esporas como los helechos, en lugar de reproducirse por semillas.

Esta riqueza vegetal parecería, en principio, una fuente de alimento demasiado buena como para desaprovecharla. Pero, durante millones de años, las plantas estuvieron fuera del menú de los animales. El tejido leñoso es duro e indigerible, y las plantas también producían sustancias químicas, como fenoles y resinas, que los animales no podían tolerar. El material vegetal solo podía comerse una vez descompuesto, por bacterias y hongos, en detritus digerible. Durante mucho tiempo, las plantas no fueron tanto una fuente de alimento como el telón de fondo de dramas en miniatura, ya que pequeños carnívoros cazaban a pequeños detritívoros bajo la hojarasca. La herbivoría era una habilidad que aún no se había desarrollado. Comenzó, en primer lugar, por los insectos que empezaron a alimentarse de las partes delicadas de las plantas, tales como las estructuras reproductivas en forma de conos. Y, luego, por una especie totalmente nueva llegada desde el mar: los tetrápodos.

Los animales, como toda la vida, evolucionaron originalmente en el mar. La mayoría de sus descendientes siguen allí y los vertebrados no son una excepción. La mayoría de los vertebrados, incluso hoy, son peces. Con esta perspectiva, los tetrápodos —los vertebrados que han dado el paso a la tierra— pueden verse como un grupo bastante extraño de peces que se han adaptado a vivir en aguas de profundidad negativa.

Sus raíces se remontan al Ordovícico, cuando surgieron los primeros peces con mandíbula, como parte del gran aumento de la biodiversidad en esa época.[10] En el Silúrico, ya habían aparecido muchos peces con mandíbula, como el *Guiyu*, que conocimos en el capítulo 3. En estos primeros peces, se combinan rasgos que hoy se ven en dos grupos bastante diferenciados. El primero, el de los peces óseos con aletas radiadas, incluye prácticamente a todos los peces que viven en la actualidad, desde los meros hasta los gouramis, pasando por las truchas y los rodaballos. En estos peces, las aletas pares están articuladas directamente con los huesos de la pared corporal. No siempre fueron tan dominantes. En los comienzos eran sus primos, los peces óseos de aletas lobuladas, los que dominaban. Como su nombre indica, las aletas pareadas de estos peces consisten en lóbulos carnosos sostenidos por huesos adicionales.

Los peces de aletas lobuladas fueron en su día un grupo variado, que incluía a los onicodónticos, criaturas con cráneos con huesos móviles y peculiares dientes en forma de colmillo, y a los gigantescos rizodontes predadores. El rizodonte más grande, el *Rhizodus hibberti*, llegó a medir hasta 7 metros. En medio había una gran variedad de formas, muchas de las cuales estaban cubiertas de gruesas escamas recubiertas de una versión de esmalte.

Quizá los peces de aletas lobuladas más conservadores fueron (y siguen siendo) los celacantos. Estos aparecieron en el Devónico [11] y tuvieron más o menos el mismo aspecto hasta que desaparecieron durante la era de los dinosaurios, o esto es lo que se pensó durante mucho tiempo. En 1938, frente a las costas de Sudáfrica, se descubrió un ejemplar, fallecido hacía poco tiempo, perteneciente a una población que aún vive cerca de las islas Comoro, en el océano Índico. [12] Más recientemente se encontró otra población en Indonesia. [13] Estos animales apenas parecen haber cambiado con respecto de sus remotos antepasados devónicos. Aunque son conocidos por los pescadores artesanales, es posible que hayan pasado desapercibidos para los científicos debido a su hábitat, que se encuentra en aguas profundas cerca de acantilados submarinos verticales.

Algunos peces pulmonados, en cambio, han evolucionado hasta hacerse irreconocibles. Aunque el pez pulmonado australiano, el *Neoceratodus,* es un pez de agua dulce con escamas y que se parece mucho a los antiguos peces con aletas lobuladas, sus primos, el *Lepidosiren* sudamericano y el *Protopterus* africano, han cambiado tanto que en el pasado se les ha confundido con tetrápodos. [14]

La pista está en el nombre.

Aunque todos los peces empezaron con pulmones —originalmente una bolsa que salía del paladar—, en la mayoría de los peces se ha convertido en algo separado, una vejiga natatoria que sirve para regular la flotabilidad. En el celacanto, que es exclusivamente marino, la vejiga está llena de grasa. Los peces pulmonados, sin embargo, viven en ríos y estanques que pueden secarse y dejan al pez literalmente sin agua. En consecuencia, los peces pulmonados utilizan mucho más los pulmones para respirar aire directamente. De hecho, los *Lepidosiren* deben respirar aire para sobrevivir. Esto no significa que los peces pulmonados estén especialmente relacionados con los tetrápodos. Sus adaptaciones a la tierra se han hecho de forma independiente y, en el *Lepidosiren* y el *Protopterus,* las extremidades se han atrofiado hasta convertirse en finas estructuras en forma de látigo, en lugar de volverse lo suficientemente robustas como para soportar el peso del animal en tierra. Los primeros peces pulmonados del Devónico eran muy parecidos a otros peces de aletas lobuladas de su época.

También lo eran los peces cuyos primos acabaron por pasar a la tierra. Criaturas como el *Eusthenopteron* y el *Osteolepis* eran tan peces como los que conocemos, pero sus primos cercanos ya estaban evolucionando hacia un estado en el que la vida fuera del agua sería un capricho ocasional y, luego, un hábito regular.

Muchos de estos peces vivían en cursos de agua poco profundos y llenos de maleza, donde se alimentaban de sus parientes más pequeños. Algunos llegaron a ser grandes y utilizaron sus aletas flexibles con soporte óseo para elegir los mejores lugares donde emboscar a los desprevenidos transeúntes. Muchos rizodontes eran así. Otro grupo, los elpistostegalianos, fue mucho más allá.

Los elpistostegalianos eran depredadores de aguas poco profundas. A diferencia de la mayoría de los peces, que tienden a estar comprimidos de lado a lado, estaban aplanados de arriba hacia abajo, como los cocodrilos, tanto mejor para acechar en aguas poco profundas. Para completar la imagen, algunos incluso tenían los ojos situados en la parte superior de la cabeza, en lugar de a los lados. Las aletas impares (dorsal, anal, etc.) se redujeron o desaparecieron por completo y las aletas pares se convirtieron en lo que, a efectos prácticos, eran pequeños brazos y piernas, con rayos en forma de aletas radiadas. El *Tiktaalik*[15] del Devónico tardío era un ejemplo típico; el *Elpistostege*[16], otro. Estos animales medían más o menos un metro de largo, y eran del tamaño y la forma de los cocodrilos pequeños. Tenían cabezas anchas y planas con los ojos en la parte superior y, en el centro, un cuerpo sinuoso y extremidades delanteras robustas con forma de patas. Los huesos de las extremidades se corresponden en detalle con los de los vertebrados terrestres. Estos peces tenían pulmones y probablemente no utilizaban mucho sus branquias internas. La parte del techo craneal, que normalmente se extendería sobre la región de las branquias, era más bien corta y formaba un «cuello» definido, tanto mejor para un depredador de emboscada que necesitaba girar la cabeza rápidamente para atrapar una presa que se movía con rapidez. Los elpistostegalianos eran tetrápodos en casi todos los aspectos, excepto por los rayos de las aletas que adornaban sus extremidades, en lugar de dedos.

El *Tiktaalik*, el *Elpistostege* y sus primos vivieron hace unos 370 millones de años, cerca del final del Devónico. Sin embargo, su historia se remonta mucho más atrás. Uno de ellos había cambiado las aletas radiadas por dedos al menos 25 millones de años antes. Hace unos 395 millones de años, uno de ellos dejó sus huellas en una playa de la actual Polonia central.[17] Nadie sabe qué tipo de tetrápodo dejó esas huellas, pero solo un tetrápodo podría haberlas hecho.

Aparte de la fecha temprana, lo que llama la atención es que las huellas no se hicieron en agua dulce, sino en una llanura de marea, cerca del mar. Los primeros tetrápodos, como Venus[18], surgieron directamente del océano. Estaban adaptados al agua salada, o quizás al agua más salobre de los estuarios.[19]

Y, por debajo, la Tierra seguía moviéndose. Desde la ruptura del supercontinente Rodinia, los continentes estaban dispersos, separados. Poco a poco, la marea de medio billón de años de deriva continental estaba empezando a cambiar. La extinción del Ordovícico, cuando el gran continente austral de Gondwana se desplazó sobre el Polo Sur, fue un presagio de lo que estaba por venir.

Hacia el final del Devónico, Gondwana y las dos grandes masas terrestres del norte, Euramérica y Laurusia, habían comenzado a acercarse la una a la otra. La colisión produciría enormes cadenas montañosas, y una única y vasta masa de tierra: Pangea. La coalescencia de los continentes, una vez más, hizo sentir sus efectos sobre las criaturas que vivían en su superficie: del mismo modo que la ropa de cama, al ser sacudida, desplaza los juguetes y las migas, los libros y las cosas del desayuno colocadas descuidadamente sobre ella. La acción del clima sobre las nuevas montañas peladas absorbió el dióxido de carbono del aire, redujo el efecto invernadero y causó el regreso de los glaciares sobre el polo sur de Gondwana. En otros lugares, el vulcanismo hizo mella. Una vez más, la extinción no se hizo esperar.

La mayoría de las extinciones se produjo en el mar. Los corales se vieron muy afectados. Las esponjas, que formaban arrecifes, llamadas estromatoporoides y que eran comunes en el Devónico, se extinguieron.[20] Los estromatolitos resurgieron en los arrecifes. El alboroto supuso el fin de los últimos peces acorazados y sin mandíbula, de los placodermos, y de la mayoría de los peces de aletas lobuladas. Pero otros grupos sobrevivieron. Las últimas épocas del Devónico estuvieron marcadas por la diversidad de tetrápodos.

Al principio, sin embargo, los tetrápodos se mantuvieron dentro del agua. Aunque tenían extremidades con dedos, ocupaban nichos acuáticos de depredadores de emboscada similares a los de los rizodontes y los elpistostegalianos, a los que sustituyeron. Fuera cual fuera la finalidad de las extremidades con dedos, no habían evolucionado específicamente para la vida en tierra.

Entre los tetrápodos más primitivos estaban el *Elginerpeton*[21] de Escocia y el *Ventastega*[22] de Letonia; también el *Tulerpeton*[23] y el *Parmastega*[24] de Rusia, y el *Ichthyostega* de los pantanos tropicales de la actual Groenlandia oriental. El *Parmastega* se parecía mucho al *Tiktaalik*, o a un caimán actual, que se desliza por el agua solamente con los ojos visibles por encima de la superficie. El *Ichthyostega* era grande —un metro y medio de longitud—, de complexión robusta y con una curiosa forma de columna vertebral que sugiere que, si se movía en tierra, se balanceaba como una foca, en lugar de utilizar sus gruesas y rechonchas patas.[25] El *Acanthostega*, también de Groenlandia, tenía la mitad de la longitud del *Ichthyostega* y era mucho más delgado. Aunque poseía extremidades, estas sobresalían por los lados, con una forma totalmente inadecuada para caminar por cualquier sitio. Tenía branquias internas, como un pez, por lo que debía estar totalmente confinado en el agua.[26] En cambio, su contemporáneo, el *Hynerpeton*, de Pensilvania, era bien musculoso y bastante capaz de vivir en tierra. [27] A finales del Devónico, los tetrápodos se habían convertido en un grupo muy diverso, pero principalmente acuático, de extraños peces de aletas lobuladas con patas.

Sin embargo, se puede tener la impresión de que los primeros tetrápodos no se tomaban muy en serio las patas o, al menos, las manos y los pies. El *Tulerpeton* tenía seis dedos por extremidad; el *Ichthyostega*, siete; el *Acanthostega*, nada menos que ocho. [28] Desde entonces, muchos tetrápodos han perdido dedos en el proceso de evolución, e incluso extremidades enteras, pero ningún tetrápodo actual desarrolla normalmente más de cinco dedos por extremidad. La extremidad de cinco dedos (un estado conocido como pentadactilia) parece tan arraigada que uno podría imaginarla como un arquetipo en la mente de Dios, y la ocasional criatura de seis dedos, como una ofensa contra el orden natural.

El primer brote de diversidad de tetrápodos sobrevivió al final del Devónico, pero fue reemplazado gradualmente durante el Carbonífero por una fauna más «moderna» de criaturas más pequeñas y delgadas. [29] Estas criaturas se parecían más a salamandras que a peces, y ya se había establecido el número de dedos que debían tener al final de cada extremidad.

Hace unos 335 millones de años, cuando Pangea consolidaba su forma definitiva, los oscuros y húmedos bosques de lo que hoy es West Lothian (Escocia) estaban llenos de bichos y del croar de los primeros tetrápodos, en un entorno volcánico y quizás asociado a aguas termales. Tanto es así que uno de los tetrápodos de esa rica cantera recibió el nombre de *Eucritta melanolimnetes*, el monstruo de la Laguna Negra. [30]

Aunque estas criaturas habían desarrollado patas lo suficientemente fuertes como para soportar su peso en tierra, había un aspecto de la vida de los primeros tetrápodos que los ataba al agua: la reproducción. Al igual que los anfibios actuales, estos primeros tetrápodos debían volver al agua para reproducirse. Sus crías eran como renacuajos: criaturas con aletas y aspecto de pez, con branquias para respirar.

Sin embargo, estaba a punto de surgir un grupo de animales que revolucionaría la reproducción y permitiría la conquista final de la tierra. En los bosques de carbón, entre el croar de otros vertebrados terrestres primitivos, los escarceos de escorpiones del tamaño de perros grandes, y la amenazante presencia de escorpiones marinos euriptéridos gigantes, que habían seguido a los tetrápodos hasta la orilla, había un animal llamado *Westlothiana*. Esta pequeña criatura parecida a una lagartija[31] era evolutivamente cercana a la ascendencia de un grupo de tetrápodos que desarrollaron huevos con cáscaras duras e impermeables. Cada huevo era como un estanque privado, podía ser puesto lejos del agua y así cortar finalmente la conexión entre la vida vertebrada y el mar.

Estos eran los animales que un día evolucionarían hasta convertirse en reptiles, aves y mamíferos.

CINCO

¡SURGEN LOS AMNIOTAS!

Los bosques de *Archaeopteris* y cladoxilópidos fueron aniquilados a causa de las extinciones debidas a la formación de Pangea. Los corales y las esponjas, que habían construido los grandes arrecifes de los océanos devónicos, desaparecieron. Todos los peces acorazados, los placodermos, se extinguieron junto con la mayoría de los peces de aletas lobuladas y todos los trilobites, salvo unos pocos. El verdín, el limo y los hilos de cabellos de ángel de las cianobacterias se mudaron y se quedaron a cargo. Como en los primeros tiempos, los estromatolitos dominaron los arrecifes, al menos durante un tiempo.[1]

Las extinciones supusieron un revés para los primeros tetrápodos, cuyas primeras y valientes incursiones en tierra firme fueron, literalmente, detenidas en seco. Los tetrápodos que sobrevivieron a la extinción permanecieron cerca del agua y, preferentemente, en ella.

Sin embargo, hubo algunos que se reagruparon e intentaron reconquistar la tierra bajo la rudeza del cielo. Era una generación muy diferente de la de los primeros tetrápodos, criaturas que, desde un punto de vista amplio, apenas eran un poco más que peces con patas.

A principios del Carbonífero, una criatura de un metro de largo superficialmente parecida a una salamandra, llamada *Pederpes*— se arrastró hasta la costa.[2] A diferencia de la extravagancia polidáctila de los primeros tetrápodos, como el *Acanthostega* y el *Ichthyostega*, el *Pederpes* había establecido el patrón que duraría hasta hoy: no más de cinco dedos por extremidad, aunque sus restos fósiles insinúan que mantuvo un sexto dedo vestigial, un recuerdo de tiempos pasados.

Sin embargo, el *Pederpes* era relativamente un gigante para su época. Compartía su mundo con muchos tetrápodos[3] mucho más pequeños que merodeaban por los márgenes del agua en busca de pequeños artrópodos, como los milpiés, o libraban pequeñas batallas a muerte con escorpiones y enfrentamientos de mayor escala con los euriptéridos que llegaban a la orilla, siguiendo los pasos de sus antiguas presas.[4] Estos primeros tetrápodos del Carbonífero, aunque mucho mejor adaptados a la vida terrestre que sus parientes del Devónico, no se alejaron mucho del agua. Vivían en llanuras aluviales que se inundaban con frecuencia. El viaje a la tierra había dado algunos pasos adelante, pero todavía era tentativo, provisional.

Sin embargo, algunos de los primeros tetrápodos del Carbonífero siguieron siendo acuáticos. Unos pocos se las ingeniaron para perder las extremidades que habían adquirido tan recientemente. El *Crassigyrinus,* un depredador parecido a una morena de un metro de largo, con extremidades diminutas y enormes mandíbulas repletas de dientes, era una amenaza acuática que acechaba los ríos y estanques del Carbonífero temprano. Algunos fueron más allá. Unos pequeños anfibios serpentinos llamados aistópodos perdieron totalmente sus extremidades.[5] Estas criaturas constituían un retroceso a una época desaparecida, tetrápodos que nunca habían salido del agua. El compromiso de los tetrápodos con la tierra fue, durante muchos millones de años, equívoco.

Las plantas terrestres que dieron sombra a los tetrápodos tras las extinciones del final del Devónico eran, al igual que los propios tetrápodos, pequeñas y con poca vegetación en comparación con sus antepasados. Los bosques tardaron en recuperarse, pero, cuando lo hicieron, se convirtieron en las selvas tropicales más poderosas que el mundo haya visto jamás. En ellas, predominaban las colas de caballo de 20 metros de altura, como las *Calamitas,* y los musgos licopodios, como el *Lepidodendron,* que se elevaban 50 metros en un cielo que no era azul, sino marrón y con muchísimo olor a quemado.

Hoy en día, la mayoría de los árboles crecen lentamente y viven durante décadas, incluso siglos. Su cuerpo está sostenido por un núcleo de madera. Más cerca de la corteza, redes de vasos transportan el agua hacia arriba, hacia las hojas, para alimentar la fotosíntesis; y los azúcares recién producidos hacia abajo, para alimentar las raíces y el resto de la planta. Cada árbol se reproduce muchas veces en su larga vida. En la selva tropical, las hojas de las copas dan sombra a la mayor parte del suelo y crean, en lo alto, otro ecosistema completamente separado de plantas y animales, que rara vez o nunca, toca el suelo del bosque.

Los bosques de licopodios del Carbonífero no eran en absoluto así. Los licopodios, al igual que sus antepasados del Devónico, eran huecos, se sostenían gracias a una piel gruesa en lugar del duramen y estaban cubiertos de escamas verdes con forma de hoja. De hecho, toda la planta —tanto el tronco como la copa de ramas colgantes— era escamosa. Sin red de vasos para transportar el alimento, cada una de las escamas era fotosintética y suministraba alimento a los tejidos cercanos.

Aún más extraño para nuestros ojos es el hecho de que estos árboles pasaron la mayor parte de su vida como discretos tocones en el suelo. Solo cuando estaban listos para reproducirse crecía un árbol, un tallo que salía disparado hacia arriba como un fuego artificial en cámara lenta,[6] para explotar en una corona de ramas que difundía esporas al viento. Una vez que las esporas se desprendían, el árbol moría.

A lo largo de muchos años por la acción del viento y del tiempo meteorológico, los hongos y las bacterias iban descomponiendo la corteza hasta que el árbol se derrumbaba sobre el suelo del bosque empapado. Un bosque de licopodios se parecía al paisaje desolado del frente occidental de la Primera Guerra Mundial: un paisaje de cráteres de tocones huecos, rellenos con restos de agua y muerte; los árboles, como postes, desprovistos de hojas o ramas, surgiendo de un fango en descomposición. Había muy poca sombra y ningún sotobosque, aparte de la creciente hojarasca que se formaba alrededor de los restos destrozados de los troncos de los licopodios.

La vida pródiga de los licopodios tuvo inmensas consecuencias para el mundo entero. El rápido y repetido crecimiento de los licopodios consumió una increíble cantidad de carbono, procedente del dióxido de carbono de la atmósfera. Este consumo desmesurado —junto con la intensa meteorización de las montañas recién creadas— contribuyó a la disminución del efecto invernadero y al renovado crecimiento de los glaciares alrededor del Polo Sur.

En segundo lugar, la mayoría de las criaturas que hoy son responsables de la descomposición de los árboles muertos —termitas, escarabajos, hormigas, etc.— aún no habían evolucionado. Todavía había pocos animales capaces de alimentarse de materia vegetal. Entre los pocos elegidos, se encontraban los paleodictiópteros, uno de los primeros grupos de insectos que desarrollaron alas y volaron. Algunos de estos animales eran tan grandes como los cuervos y no tenían dos pares de alas, como los insectos voladores actuales[7], sino tres. Delante de los dos pares habituales había un par de pequeñas aletas vestigiales, restos de una época aún más antigua de insectos voladores con muchas alas, que ya se había perdido. También tenían unas prominentes piezas bucales chupadoras, como las de los insectos. Volando a gran altura sobre el suelo, se posaban en lo alto de los licopodios para alimentarse de sus tiernos órganos productores de esporas.[8]

En tercer lugar, toda la actividad de fotosíntesis producía enormes cantidades de oxígeno libre. De hecho, había tanto oxígeno en la atmósfera que los relámpagos podían hacer arder los árboles como antorchas, incluso en un bosque pantanoso y anegado, de modo que se producían masas de carbón vegetal y los cielos eran siempre marrones y humeantes.

La carbonización, el rápido enterramiento y la imperceptible velocidad de putrefacción hicieron que muchos troncos de licopodios quedaran rápidamente enterrados en el suelo del bosque y que, 300 millones de años después, emergieran como carbón. Este es el carbón que da nombre a toda la era, el Carbonífero, aunque los bosques de carbón persistieron hasta bien entrado el Pérmico. Alrededor del 90 % de todos los depósitos de carbón conocidos se depositaron en un solo intervalo de 70 millones de años, la edad de los bosques de licopodios.[9]

Era un mundo en el que los anfibios prosperaban y evolucionaban en una variedad de formas. Mientras los más pequeños se retorcían y excavaban en las orillas, persiguiendo pequeños escorpiones, arañas y otros bichos, sus primos más grandes seguían siendo acuáticos y recorrían el agua en busca de presas más pequeñas o mordían a las gigantescas cachipollas, los paleodictiópteros, libélulas del tamaño de una gaviota y otros insectos alados que se posaban por casualidad en la superficie del agua. Algunos anfibios, como su nombre indica, se encontraban en un punto intermedio y preferían un estilo de vida más terrestre. De entre ellos, evolucionaron los amniotas. Al principio, por tanto, los amniotas se parecían mucho a los anfibios con los que compartían su mundo: todos eran criaturas bastante pequeñas, parecidas a las salamandras. [10] Al igual que los anfibios, se escondían en los agujeros de las conchas de los licopodios y salían para alimentarse de cucarachas y pececillos de plata, evitaban llamar la atención de criaturas más grandes y pesadillescas que la abundancia de oxígeno había convertido en monstruos. Estos amniotas esquivaban los aguijones de escorpiones del tamaño de un perro, se escondían de milpiés tan largos y anchos como alfombras mágicas y, presumiblemente, se acobardaban ante el implacable paso de los escorpiones marinos euriptéridos de dos metros, que habían salido del océano en busca de sus presas piscícolas en rápida evolución.

Para un anfibio, poner huevos en este jardín de las delicias terrestre era sumamente peligroso. Desovar en aguas abiertas, como una rana o un sapo actuales, constituía un bocado fácil para cualquier pez que pasara por allí o para otro anfibio. Los anfibios tuvieron que desarrollar varias formas de proteger a sus crías. Algunos montaban guardia en sus lugares de desove. Otros buscaban charcas y charcos alejados de las aguas abiertas, por ejemplo, en los tocones de los árboles, o tal vez depositaban el desove en masas gelatinosas en la vegetación que colgaba sobre el agua, de modo que, cuando los renacuajos eclosionaran, se dejaran caer directamente en ella. Otros prolongaban la fase larvaria y no eclosionaban como renacuajos, sino como adultos en miniatura, totalmente equipados para huir de cualquier amenaza. Otros iban más allá y retenían los huevos dentro de la madre, tal vez incluso los alimentaban con tejido materno, y los daban a luz, grandes y vivos.[11] Los amniotas fueron más allá. Su adaptación no estuvo ligada al lugar en el que ponían los huevos, sino en los propios huevos.

El indefenso y desventurado punto negro de un embrión estaba rodeado no solo de gelatina, sino de una serie de membranas que mantendrían alejado el peligroso mundo durante el mayor tiempo posible.

Una de las membranas era el amnios, una capa impermeable que proporcionaba al embrión su propio estanque privado y su sistema de soporte vital.[12] Un saco vitelino lo mantenía nutrido. Otra membrana, la alantoides, recogía y almacenaba los residuos del embrión. Alrededor de todas ellas se encontraba el corion y, alrededor de este, la cáscara.

Las cáscaras de los primeros amniotas eran blandas y coriáceas, más parecidas a las cáscaras de los huevos de serpiente o cocodrilo que a los huevos duros y cristalinos de las aves.[13] Es importante destacar que los huevos de los amniotas no requerían el tipo de cuidados parentales elaborados —y que consumen mucha energía— que los anfibios tenían que dedicar al desove. Los huevos podían ponerse, enterrarse bajo la hojarasca o dentro de un tronco podrido para mantenerlos calientes y, luego, olvidarse de ellos. Para empezar, el huevo amniótico era una forma más para los anfibios de mejorar las posibilidades de que sus crías no fueran devoradas antes de que nacieran. Pero estos primeros ponedores de huevos también habían desarrollado una forma de liberarse completamente del agua. El huevo amniótico era como un traje espacial para colonizar un mundo nuevo y hostil, un mundo totalmente alejado del agua.

En pocos millones de años, los verdaderos amniotas habían evolucionado. Ya no eran pequeños y parecidos a las salamandras, sino pequeños y parecidos a los lagartos. Animales como el *Hylonomus* y el *Petrolacosaurus* tenían un aspecto similar y hacían prácticamente lo mismo: buscar insectos y otros pequeños animales que no podían escapar de sus hambrientas mandíbulas. Se acercaban a los linajes que acabarían produciendo serpientes, lagartos, cocodrilos, dinosaurios y aves. Sin embargo, el destino del *Archaeothyris* era otro. Esta criatura era un pelicosaurio, miembro de un grupo de reptiles entre cuyos descendientes se encuentran los mamíferos, incluidos nosotros.

La evolución del huevo amniótico fue la clave del éxito de los vertebrados en tierra. El mundo de las plantas también respondió al reto de la aridez a su manera, con la evolución de las semillas, en una serie de parientes superficiales de los helechos que, con el tiempo, se convertirían en coníferas. Se trata de los helechos de semilla.

Las hepáticas y los musgos, las primeras plantas terrestres, son como los anfibios, ya que su reproducción depende totalmente del agua. Las plantas masculinas producen espermatozoides que nadan a través de la película de agua, que siempre recubre las hojas y los tallos de estas plantas amantes del agua, en busca de los óvulos de las plantas femeninas para fecundarlos. El óvulo fecundado se convierte en una planta que no produce ni óvulos ni espermatozoides, sino pequeñas partículas llamadas *esporas*. Las esporas se dispersan por el entorno y, donde se asientan, germinan en plantas productoras de óvulos y esperma.

Y así continúa el ciclo, con generaciones alternas de plantas productoras de células sexuales (gametofito) y de esporas (esporofito). Aunque las esporas suelen ser resistentes a la desecación, el esperma y los óvulos no lo son, por lo que los musgos y las hepáticas están siempre ligados al agua.

Los musgos y las hepáticas —plantas gametofitas y esporofitas, respectivamente— tienen un aspecto bastante similar. En los helechos, sin embargo, la tendencia es hacia el esporófito. Los helechos que vemos en los bosques y campos son todos esporófitos. Las esporas se producen en largas filas de cápsulas bajo las hojas. Los gametofitos, por el contrario, son pequeños, tiernos y ocultos, y no se parecen mucho a los helechos; y, como producen óvulos y esperma, que se mueven a través de una película de agua, necesitan lugares húmedos para sobrevivir. Lo mismo ocurre con los gigantescos musgos y las colas de caballo de los grandes bosques de carbón.

En algunos helechos, sin embargo, los gametofitos se redujeron tanto que apenas llegaron a ser más que las células sexuales que producían. Tan pequeños, de hecho, que toda la generación de gametofitos estaba confinada dentro de las esporas, que podían ser masculinas o femeninas. En algunas especies, las esporas femeninas tendían a permanecer adheridas a la planta en lugar de dispersarse en el medioambiente. Las esporas masculinas eran transportadas por el viento hasta las femeninas. El óvulo, una vez fecundado, se convertía en una semilla protegida por una corteza dura y resistente, y solo germinaba cuando se reunían las condiciones adecuadas. La evolución de la semilla, al igual que la del huevo amniótico, permitió a las plantas liberarse de la tiranía del agua.

El exuberante crecimiento de los bosques de carbón no duró. La deuda se reclamó con el lento movimiento hacia el norte de Pangea. Las regiones más meridionales, que antaño se encontraban sobre el Polo Sur y habían estado cubiertas de hielo durante gran parte del Carbonífero tardío y el Pérmico temprano, volvieron a quedar libres de hielo. Sin embargo, con la fusión de los continentes septentrional y meridional, no era fácil que el agua cálida y ecuatorial diera la vuelta al globo. Había demasiada tierra en el camino.

Sin embargo, había un océano rebosante de vida. Se trataba del Tetis, un gran golfo tropical bordeado de arrecifes, en el lado oriental de Pangea, lo que hacía que el supercontinente en su conjunto pareciera una gran letra «C».

La ubicación de la tierra, que no facilitaba que el agua ecuatorial pudiera dar la vuelta al planeta fácilmente, hizo que las costas del Tetis fueran muy estacionales. Las estaciones largas y secas se veían marcadas por feroces lluvias monzónicas, similares a las que ahora inundan la India, pero a escala global. [14] Este clima estacional era demasiado para las selvas tropicales dominadas por los licopodios, que requerían humedad tropical todo el año. Las selvas tropicales se redujeron a parches aislados. La excepción fue el sur de China, entonces un continente insular en el extremo oriental del Tetis, que conservó los bosques de licopodios: una tierra que el tiempo olvidó.

Los bosques fueron sustituidos por una mezcla de helechos arborescentes productores de esporas, helechos de semilla y licopodios más pequeños, generalmente adaptados a un clima más estacional, que la mayor parte del año era seco y muy, muy caluroso. Lejos de las costas, se extendieron los desiertos.

El efecto de la desaparición de los bosques de carbón sobre la suerte de los anfibios y los reptiles fue muy duro.[15] Los anfibios sufrieron, aunque los reptiles lograron resistir y se adaptaron a las oportunidades que ofrecía el clima más seco.

Aunque muchos de los anfibios seguían teniendo aspecto de cocodrilo y vivían cerca del agua, algunos aceptaron el reto de la vida en el desierto y se parecían más a un reptil. Uno de ellos fue el *Diadectes*, un animal parecido a un rinoceronte que llegó a medir 3 metros de largo y fue una especie de pionero, uno de los primeros tetrápodos en adoptar una dieta radicalmente nueva: el vegetarianismo. Hasta ese momento, todos los tetrápodos se habían alimentado de insectos, peces o comido entre ellos. La carne es difícil de atrapar, pero cuando se atrapa, se digiere rápida y fácilmente. Las plantas, sin embargo, se ven obligadas a mantenerse en pie y luchar, y lo hacen con tejidos duros y fibrosos, en los que cada célula está blindada con una pared de celulosa indigerible.

Si la materia vegetal no se puede descomponer mecánicamente —y los primeros tetrápodos no tenían dientes especialmente eficaces para triturar— la materia vegetal tiene que ser cortada y troceada, tragada y fermentada lentamente, como el abono, en un intestino de gran capacidad por una serie de bacterias, y la nutrición se libera muy lentamente. Por eso los herbívoros tienden a ser grandes, a moverse lentamente y a comer prácticamente todo el tiempo. Al *Diadectes* se le unieron los primeros herbívoros reptiles. Entre ellos, había pareiasauros muy grandes y verrugosos —herederos del pequeño reptil *Hylonomus*, como un búfalo con esteroides— y una variedad de pelicosaurios, como el *Edaphosaurus*, una criatura mucho más elegante que lucía en su espalda una membrana sostenida por espinas vertebrales muy alargadas (la vela).

Estos herbívoros eran presa de anfibios terrestres como el *Eryops*, que parecía una rana toro y se imaginaba a sí misma como un caimán. Si hubiera tenido ruedas, habría sido un vehículo blindado de transporte de personal con dientes. Otros pelicosaurios con vela, como el *Dimetrodon*, se disputaban el primer puesto con el *Eryops*.

A diferencia de los mamíferos y las aves, los reptiles y los anfibios no tienen control interno de su temperatura corporal. Tórpidos e indefensos ante el frío, necesitan calentarse al sol antes de ponerse en actividad. Esto creó una oportunidad para los animales que podían calentarse y enfriarse más rápidamente que otros. Los pelicosaurios fueron de los primeros tetrápodos que tomaron el control activo de su metabolismo. Cuando se colocaban con las velas perpendiculares al sol, el *Edaphosaurus* o el *Dimetrodon* podían calentarse mucho más rápido que los reptiles que no contaban con esa facilidad y ser los primeros en llegar a la zona de alimentación. Cuando las velas se colocaban al sol de perfil, también podían perder calor más rápidamente. Los pelicosaurios desarrollaron otro truco: a diferencia de la mayoría de los reptiles, cuyas mandíbulas tienen filas de dientes idénticos y puntiagudos, los pelicosaurios empezaron a desarrollar dientes de diferentes tamaños, lo que les permitía procesar los alimentos de forma más eficiente.

Estas adaptaciones —la regulación del calor y el desarrollo de dientes de diferentes tamaños— eran señales de lo que estaba por venir.

Un vástago del linaje de los pelicosaurios fue el *Tetraceratops*,[16] que vivió en los desiertos del Pérmico temprano en lo que hoy es Texas. Aunque se parece mucho a un pelicosaurio, hay indicios en su cráneo y en su dentadura de que se trata de una criatura totalmente diferente, un nuevo orden de reptiles en el que algunas de las innovaciones metabólicas de los pelicosaurios fueron llevadas mucho más lejos. Estas criaturas se llamaron terápsidos. [17] Comúnmente denominados «reptiles parecidos a los mamíferos», fueron la base a partir de la cual evolucionaron los mamíferos. Sin embargo, a mediados del Pérmico, todo eso estaba todavía a decenas de millones de años en el futuro.

Los terápsidos se diferenciaban de los pelicosaurios y otros reptiles en que tendían a mantener sus extremidades erguidas y debajo del cuerpo, en lugar de extenderse hacia los lados. Tenían una gran variedad de dientes interesantes, adecuados a su dieta, y eran de sangre caliente; es decir, podían regular su propio metabolismo, independientemente de lo que sucediera con el sol. Los terápsidos dominaban los paisajes secos y estacionales de Pangea. Eclipsaron a los pelicosaurios, sus parientes, y prácticamente expulsaron al agua a los anfibios más terrestres. Para cada nicho ecológico que ofrecía el Pérmico medio y tardío, había un terápsido que encajaba perfectamente en él. Entre los primeros terápsidos herbívoros, se incluían monstruos de 2 toneladas como el *Moschops*. A estos les sucedieron los dicinodontes, posiblemente los más exitosos y más feos tetrápodos que jamás hayan pisado el planeta. Estas criaturas con forma de barril tenían un tamaño que iba desde la talla de un perro pequeño hasta la del rinoceronte. Tenían la cabeza ancha, pero su rostro era aplanado, como si se hubieran pasado la vida persiguiendo coches aparcados. Todos sus dientes habían sido sustituidos por un pico córneo, excepto por un par de caninos superiores muy grandes, parecidos a colmillos. Aunque nominalmente eran herbívoros, los dicinodontes se llevaban a la boca todo lo que encontraban. Algunos de los más pequeños podían excavar. Ambos hábitos, como resultó, les servirían para protegerse del apocalipsis que se avecinaba. Los dicinodontes eran acechados por feroces depredadores: sus primos terápsidos, los gorgonópsidos. Al igual que los dicinodontes, variaban en un tamaño que iba desde la talla de un tejón hasta la de un oso y, dejando de lado su predilección por los coches aparcados, eran muy similares. Cuadrúpedos desgarbados y robustos, tenían enormes dientes caninos superiores, comparables a los de los tigres de dientes de sable. Otros terápsidos carnívoros eran los cinodontes. Los cinodontes tendían a ser más pequeños que los gorgonópsidos, y los tardíos eran aún más pequeños.

A medida que avanzaba el Pérmico, los cinodontes quedaron prácticamente relegados a los márgenes. Eran pequeños, a veces nocturnos. Tenían cerebros grandes y dientes totalmente diferenciados en incisivos, caninos y molares. Tenían pelo y bigotes. Compartían los márgenes de su mundo con los pequeños descendientes, generalmente lagartos, del *Petrolacosaurus* y del *Hylonomus*.

En su máximo esplendor, Pangea se extendía casi de polo a polo. La unión de los continentes en una sola masa terrestre tuvo consecuencias drásticas para la vida tanto en la tierra como en los océanos. En la tierra, las formas de vida que antes eran endémicas de determinados continentes se mezclaron con otras. La competencia entre los nativos y los recién llegados fue feroz y muchos tipos de animales desaparecieron.

La vida marina era más abundante en la plataforma continental, la parte del mar más cercana a la tierra. Cuando los continentes se fusionaron, hubo menos plataforma continental alrededor. Por tanto, la competencia por el espacio vital en el mar también fue intensa.

El clima se hizo más difícil. El interior de Pangea era principalmente seco, aunque salpicado por inundaciones monzónicas anuales, y —con la deriva hacia el norte de toda la masa terrestre— a menudo muy caluroso. Aunque las frescas regiones del sur de Pangea estaban cubiertas por matorrales aparentemente interminables de un helecho arbóreo llamado *Glossopteris*, la vida vegetal no era tan exuberante como antes. Menos vida vegetal significaba que había menos oxígeno que antes, hasta el punto de que, a finales del Pérmico, respirar a nivel del mar habría sido como intentar recuperar el aliento en el Himalaya hoy en día. La vida terrestre se quedó sin aliento.

Lo peor estaba por llegar, pues el Armagedón se acercaba. Hacia el final del Pérmico, una pluma de magma[18] que había estado subiendo desde las profundidades de la Tierra durante millones de años se encontró con la corteza superior y la fundió.

A finales del Pérmico, no habría sido necesario descender a las profundidades de la Tierra para encontrar el infierno, porque el infierno había salido a la superficie. Se encontraba en lo que ahora es China, donde lo que antes había sido un exuberante paisaje de selva tropical se transformó en un caldero de magma, que rezumaba lava y un humo de gases nocivos que aumentaban el efecto invernadero, acidificaban los océanos, hacían trizas la capa de ozono y derribaban el escudo de la Tierra contra la radiación ultravioleta.

La vida no se había recuperado del todo de este desastre cuando, unos 5 millones de años más tarde, se produjo otro. La pluma de magma de China, como resultó, no era más que el entremés. El plato principal fue una columna de magma aún mayor que, al surgir de las profundidades de la Tierra, perforó la superficie terrestre en lo que hoy es Siberia occidental.

El suelo se fracturó. La lava que rezumaba de una miríada de fisuras acabó por cubrir un área del tamaño de lo que hoy es Estados Unidos continental, desde la costa oriental hasta el frente de las Montañas Rocosas, con basalto negro de miles de metros de espesor. Las cenizas, el humo y los gases que la acompañaron mataron casi toda la vida del planeta. Pero no al instante: la tortura se prolongó durante medio millón de años de agonía tóxica.

El primero de los brebajes malignos fue el dióxido de carbono, suficiente para crear un efecto invernadero que elevó la temperatura media de la superficie de la Tierra en varios grados. Ya sin oxígeno y bajo un calor abrasador, algunas partes de Pangea se volvieron completamente inhabitables.

El efecto sobre los arrecifes que bordeaban el océano Tetis fue nada menos que catastrófico. Las algas amantes del sol que viven dentro de los pólipos gelatinosos y que forman los arrecifes de coral son muy sensibles a la temperatura. Cuando la temperatura del mar aumentó, abandonaron sus hogares y dejaron que los pólipos murieran.[19] El coral, blanqueado y muerto, se desmoronó.

Los corales tabulados y rugosos, el pilar de los ecosistemas de arrecifes durante decenas de millones de años, ya estaban en declive como resultado del cambio del nivel del mar, pero el evento siberiano fue la gota que colmó el vaso.[20] Sin los corales, la multitud de organismos que dependía de ellos como hábitat también se extinguió.

Pero había más. Los volcanes abrasaron el cielo con ácido. El dióxido de azufre se elevó a la atmósfera. Allí, el dióxido de azufre colaboró con la formación de partículas microscópicas alrededor de las cuales se condensó el vapor de agua, de modo que se crearon nubes que reflejaban la luz del sol hacia el espacio, y así se enfrió la superficie de la Tierra, aunque temporalmente. Entre los momentos de calor, se produjeron golpes de frío intenso. Sin embargo, cuando llovía sobre la tierra, el dióxido de azufre se convertía en un ácido que exterminaba la vida vegetal del suelo, lixiviaba la tierra y quemaba los árboles del bosque hasta convertirlos en tocones ennegrecidos. Los restos de ácido clorhídrico e incluso fluorhídrico agudizaron el sufrimiento. Y, antes de que lloviera, el ácido clorhídrico dañaba la capa de ozono que protegía la Tierra de los dañinos rayos ultravioleta. En tiempos normales, el plancton del mar y las plantas de la tierra habrían absorbido gran parte del dióxido de carbono. Pero la vida vegetal ya estaba bajo estrés. Así que, en lugar de ser absorbido por las plantas, el dióxido de carbono fue arrastrado por la lluvia, de modo que aumentó el ritmo de la erosión.

Sin plantas para estabilizar el suelo, la tierra fue arrastrada por la acción de los fenómenos meteorológicos y la roca quedó desnuda. El mar se convirtió en una sopa espesa, turbia, no solo por los sedimentos, sino por los cadáveres de organismos —plantas y animales— muertos por la masacre que sucedía en tierra. Las bacterias se pusieron a trabajar y, al descomponer los restos, consumieron el poco oxígeno que quedaba. En un cadáver de algas tóxicas en descomposición tenían mucho que digerir, antes de marchitarse también. Los ácidos burbujeantes del agua horadaban las conchas de cualquier criatura marina que tocaban y las disolvían. Incluso si sobrevivían al mar oscurecido y estancado, los esqueletos mineralizados, de los que dependían muchas criaturas marinas, se volvían delgados y frágiles, de modo que ya no podían formarse las conchas.

Y aún quedaba más por venir. La columna del manto también destapó depósitos de gas metano, hasta entonces congelados en el hielo bajo el Océano Ártico. El gas salió a la superficie del mar con un estruendo y una espuma que se disparó cientos de metros hacia la atmósfera. El metano es un gas de efecto invernadero mucho más potente que el dióxido de carbono. El efecto invernadero se disparó; el mundo se achicharró.

Por si fuera poco, cada pocos miles de años, las erupciones enviaban columnas de vapor de mercurio a la atmósfera[21], que envenenaban todo lo que no hubiera sido ya asfixiado, gaseado, quemado, hervido, asado, frito o disuelto.

Al final, en el mar, se habían extinguido diecinueve de cada veinte especies de animales; y en la tierra, más de siete de cada diez. Entre los que desaparecieron, había animales que no han dejado descendientes ni parientes cercanos.

La extinción, por ejemplo, acabó con los últimos trilobites. Estas ajetreadas criaturas con forma de bicho bola se desplazaban por el fondo marino y nadaban en la superficie desde principios del Cámbrico. Sin embargo, en el Pérmico, llevaban mucho tiempo en decadencia y quedaban los suficientes como para que su partida final se expresara en voz baja, en un tono menor.

Lo mismo sucedió con los blastoides, un grupo de equinodermos pedunculados. Entre el Cámbrico y el Pérmico, hubo hasta veinte tipos de equinodermos, de los cuales los blastoides fueron los últimos sobrevivientes. En cambio, los equinodermos que aún permanecen entre nosotros son, en muchos casos, tan familiares que cualquier raquero los da por sentado. En la actualidad, solo existen cinco tipos: las estrellas de mar, las ofiuras, los pepinos de mar, los erizos de mar y las estrellas con plumas.[22]

Sin embargo, podrían haber sido fácilmente cuatro. De no ser por las dos especies de un género de erizo de mar que resistieron la tormenta, los erizos de mar también habrían sido condenados al olvido. Los supervivientes resistieron, evolucionaron y se diversificaron hasta convertirse en los erizos de mar actuales. Aunque, en la actualidad, los erizos de mar son muy diversos y van desde los erizos globulares púrpura hasta los erizos casi planos conocido como galletas de mar o dólares de arena, los del Paleozoico eran aún más variados. Sin embargo, todos los erizos de mar modernos proceden del limitado acervo genético de los pocos que sobrevivieron al cataclismo. Si no fuera por la resistencia de estos pocos testigos de la destrucción, los erizos de mar habrían estado completamente ausentes de las costas modernas, y serían tan remotos y exóticos para nosotros como los blastoides.[23]

Prácticamente todos los moluscos perecieron, ya sea quemados por el ácido o ahogados en la descomposición en medio de un mar sin aire. Solo sobrevivieron unas pocas especies. Una de ellas fue *Claraia*, un bivalvo que se parecía bastante a una vieira. En el Pérmico, y antes de este periodo, los reyes del mar eran criaturas llamadas braquiópodos. Se parecen a los moluscos bivalvos, ya que tienen cuerpos blandos encerrados entre dos valvas, como manos ahuecadas en una oración, y se ganan la vida tamizando los detritus del agua. La extinción de finales del Pérmico inclinó la balanza. Casi todos los braquiópodos se extinguieron y son actores muy secundarios en el ecosistema oceánico actual. La ganancia fue para *Claraia* y sus descendientes, lo que explica por qué son los bivalvos, como los berberechos y los mejillones (también las vieiras), los que hoy en día pueblan la orilla del mar, mientras que los braquiópodos generalmente solo se encuentran como fósiles. La extinción de finales del Pérmico tuvo consecuencias duraderas, que resuenan hasta hoy, en la forma de vida.

En la tierra, la vida de generaciones de anfibios y reptiles fue aniquilada. Las legiones de pesados pareiasauros, con cuernos y verrugas, desaparecieron. Los pelicosaurios de lomo de vela tampoco sobrevivieron al

Pérmico, así como la mayoría de sus parientes, los terápsidos. Las vastas manadas de dicinodontes que pacían colas de caballo y helechos en las llanuras del Pérmico fueron eliminadas casi por completo, junto con los gorgonópsios de dientes de sable que los habían perseguido.

Los anfibios fueron devueltos casi por completo al agua de donde habían surgido, allá por el Devónico. Todos los que se habían forjado una vida en tierra, y se habían vuelto más como los reptiles en su vida y hábitos, se extinguieron. El ancestro de todos los amniotas había surgido de este grupo de criaturas, a principios del Carbonífero, lo que hizo que la vida terrestre fuera una propuesta mucho más viable. Hoy no sobrevive nada parecido.

Las puertas del infierno —entreabiertas en China, abiertas de par en par en Siberia— habían absorbido casi toda la vida hacia el abismo. La tierra se convirtió en un desierto desnudo y silencioso; quedaba poca vida vegetal, aferrada a los restos de lo que era en gran medida un planeta moribundo. El océano estaba casi muerto. Los arrecifes habían desaparecido, el fondo del mar se vistió con una apestosa alfombra de limo. Era como si la vida hubiera sido catapultada al Precámbrico. Pero la vida volvería. Y, cuando lo hiciera, sería como el más colorido y desenfrenado carnaval de esplendor que el mundo había visto nunca.

SEIS

PARQUE TRIÁSICO

La recuperación del desastre que supuso el final del período Pérmico duró decenas de millones de años. El mundo, que antes rebosaba de vida tanto en el mar como en la tierra, estaba relativamente vacío. Por lo tanto, era un lugar propicio para los oportunistas, como el notable *Lystrosaurus*.

Con el cuerpo parecido a un cerdo, la actitud intransigente hacia la comida de un golden retriever y la cabeza de un abrelatas eléctrico, el *Lystrosaurus* fue el equivalente animal de una erupción de maleza en un área bombardeada. El *Lystrosaurus* era un dinosaurio, miembro de ese grupo de criaturas, los terápsidos, que en su día fueron grandes y variados y dominaron la tierra en el Pérmico. El hábito de excavar para salir del peligro podría haberlo salvado del apocalipsis que se cobró la vida de la mayoría de sus congéneres.

El éxito después de su aparición se debió a su actitud de ir a todas partes y comer de todo, y a su cráneo, que era más ancho que largo. Unos enormes músculos masticadores impulsaban una mandíbula inferior que había perdido todos los dientes, salvo un pico córneo de bordes afilados. La mandíbula superior también se había reducido a una cuchilla, a excepción de un par de dientes caninos alargados en forma de colmillos, a ambos lados de una cara plana. La poderosa cabeza funcionaba como una retroexcavadora, cavando, raspando, escarbando y paleando cualquier cosa que pudieran encontrar sus incesantes fauces.

Inmediatamente después de la extinción y durante millones de años más, la vida terrestre fue un casi monocultivo del *Lystrosaurus*. Se desplazaban en manadas por toda Pangea y eran tan felices en los ocasionales bosques o humedales como en los calurosos y secos desiertos típicos de la época. Había otros animales, sin duda, pero nueve de cada diez eran *Lystrosaurus*: posiblemente el vertebrado terrestre más exitoso que ha existido.

Entonces, ¿qué sobrevivió además del *Lystrosaurus*? El coqueteo de los anfibios con una vida mucho más terrestre, en animales como el *Diadectes* y el *Eryops*, no duró. Los anfibios del Triásico eran acuáticos, similares en sus hábitos y apariencia a los cocodrilos. Sin embargo, algunos de ellos eran muy grandes y sobrevivieron hasta mediados del Cretácico, antiguos restos de una época desaparecida, antes de extinguirse también. El premio, finalmente, fue para las formas más pequeñas. La primera rana, el *Triadobatrachus*, evolucionó en el Triásico.

A pesar de su área de distribución mundial, el *Lystrosaurus* era mucho menos común en las regiones más septentrionales y meridionales de Pangea, sobre todo durante el Triásico temprano. Las regiones polares del Triásico temprano, aunque eran más frías que la zona ecuatorial, que era muy tórrida, eran áridas entre los cursos de agua, donde los anfibios gigantes seguían gobernando.

Los reptiles herederos del Triásico descienden de esas pocas criaturas pequeñas que se escabulleron durante la extinción, bajo los pies (y en las madrigueras) del *Lystrosaurus*. Una vez en el Triásico, se diversificaron muy rápidamente en una deslumbrante gama de formas, una desafiante respuesta a los acontecimientos que casi destruyeron la vida y la dejaron casi sin posibilidad de recuperación.[1] Muchos de estos reptiles recién acuñados se lanzaron al agua.

Junto con las ranas, las tortugas fueron un grupo de animales que evolucionaron por primera vez en el Triásico y que también se diversificaron en el agua. Aunque la forma triásica *Proganochelys* se parecía a una tortuga terrestre moderna, con un caparazón completamente formado por encima y por debajo, otras tortugas del Triásico incluían al *Odontochelys*, que tenía un caparazón completamente formado en su vientre (el plastrón), pero solo un caparazón parcial por encima, que consistía en amplias costillas;[2] el *Pappochelys,* del tamaño de una tortuga, en la que tanto el caparazón como el plastrón aún no estaban completamente formados,[3] y el *Eorhynchochelys,* de un metro de longitud, que no tenía ni plastrón ni caparazón y combinaba una cola larga muy poco parecida a la de una tortuga con un pico muy parecido al de una tortuga.[4] El Triásico fue una época dorada para las tortugas, las casi tortugas e incluso los simulacros de tortuga, en la que adoptaron una gran variedad de formas y modos de vida.

Superficialmente similares a las tortugas eran los placodontes,[5] reptiles marinos de movimientos lentos, con cuerpos gruesos, a menudo blindados con un caparazón, y con dientes como los de una tableta, especializados en aplastar las conchas de los moluscos. Mientras los placodontes buscaban mariscos en el fango, otros reptiles —los notosaurios, los talatosaurios y los paquipleurosaurios, más bien similares— recorrían los mares brillantes en busca de peces. Estas criaturas eran espigadas, con cuellos y colas largos, y extremidades que servían de aletas. Los notosaurios estaban emparentados con los plesiosaurios, a menudo mucho más grandes e incluso más acuáticos, que evolucionaron mucho más tarde. Sin embargo, los notosaurios, los paquipleurosaurios y los talatosaurios, al igual que los placodontes, vivieron y murieron en el Triásico.

Merodeando por las aguas poco profundas y buscando peces estaba el *Tanystropheus,* una criatura de 6 metros de largo cuyo cuello era tan largo o más que su cuerpo y su cola juntos. Y lo que es más curioso, el cuello era muy rígido, ya que estaba formado por solo una docena de vértebras extremadamente largas. De todas las rarezas del espectáculo de reptiles del Triásico, el *Tanystropheus* era una de las más extrañas.

Pero luego estaban los drepanosaurios. Estas insólitas criaturas pasaban gran parte de su tiempo colgadas sobre el agua, suspendidas de su cola prensil, terminada en una garra rígida en el extremo que actuaba como anzuelo. Así, suspendidos, golpeaban el agua para atrapar a los peces, ayudados por las garras en forma de anzuelo que tenían en uno de los dedos de cada extremidad y, finalmente, los arponeaban y los engullían con sus largos picos de ave.[6]

En los mares del Triásico se encontraban los hupehsuchia[7], un pequeño grupo de reptiles acuáticos con extremidades cortas en forma de aleta y largos hocicos en forma de pico. Estas extrañas criaturas estaban emparentadas con el máximo exponente de los reptiles acuáticos: los ictiosaurios. Estos animales, que también aparecieron en el Triásico, se parecían superficialmente a los delfines. Vivían toda su vida en el mar y daban a luz crías vivas, como las ballenas. Algunos llegaron a tener un tamaño similar al de las ballenas. El *Shonisaurus*[8] del Triásico llegó a medir 21 metros de largo; no solo fue el mayor ictiosaurio, sino el mayor reptil marino conocido. Aunque los ictiosaurios vivieron hasta finales del Cretácico, no hubo momento equiparable a su apogeo triásico.

En tierra, los monstruosos pareiasauros con cuernos y verrugas del Pérmico habían pastado hasta el final: no así sus primos lejanos mucho más pequeños, los procolofónidos. Estas criaturas pequeñas, achaparradas y espinosas tenían cráneos anchos repletos de dientes adecuados para moler vegetación o insectos. Ningún sotobosque triásico de helechos y cícadas estaba completo sin una o varias de estas discretas, pero laboriosas, criaturas. Si separabas una hoja, veías cómo una o varias de ellas se escabullían entre las sombras. Durante el Triásico, los procolofónidos estaban por todas partes y, al final, todos habían desaparecido.

Sin embargo, en su momento, se les podría haber confundido con los esfenodontes, igualmente espinosos y con aspecto de lagarto, tan omnipresentes como los procolofónidos. Sin embargo, a diferencia de los procolofónidos, los esfenodontes sobrevivieron y siguen viviendo —aunque por poco— en la actualidad. El único esfenodonte que queda es el tuátara, ahora confinado a unos pequeños islotes frente a Nueva Zelanda, el último de un linaje que se remonta a casi un cuarto de billón de años.

Al igual que los esfenodontes, los primeros escamosos verdaderos, ancestros de los lagartos y serpientes actuales, también empezaron en el Triásico, con formas como el *Megachirella*.[9] Muchos de los primeros reptiles pequeños se parecían superficialmente a los lagartos, pero el *Megachirella* era realmente un lagarto.

Junto a los pequeños anfibios del Carbonífero, los lagartos tenían tendencia a perder las patas. Esto ocurrió muchas veces en su evolución. La culminación de esta tendencia fue la aparición de las serpientes, pero eso todavía estaba en el futuro, en el período Jurásico, cuando la ruptura de Pangea llevó a un florecimiento evolutivo tanto de los lagartos como de las serpientes.[10] No es que las serpientes perdieran sus extremidades de golpe: algunas formas primitivas conservaron sus extremidades traseras. La serpiente del Cretácico, *Pachyrhachis*, que se deslizaba por las costas meridionales del Tetis, tenía diminutas extremidades traseras vestigiales.[11] Otra criatura, el *Najash*, tenía unas extremidades traseras mucho más robustas, unidas al sacro y totalmente utilizables, y vivía en la tierra.[12] Por lo tanto, tan pronto como evolucionaron, las serpientes se diversificaron en una gama de excavadoras y nadadoras.

El *Lystrosaurus* —y uno o dos más, raros dicidontes que superaron el final del Pérmico— siguió evolucionando y diversificándose, y dio lugar a una serie de animales similares, pero mucho más grandes, como el *Kannemeyeria*, del tamaño de una vaca. Estas criaturas se desplazaban por las llanuras junto a los rincosaurios. Su aspecto era bastante similar al de los dicinodontes, con cuerpos regordetes y hocicos en forma de pico, pero estaban más emparentados con los que dominaron el Triásico: los arcosaurios o reptiles dominantes.

Los primeros arcosaurios no eran todos pequeños. Uno de los primeros fue el enorme y terriblemente aterrador *Erythrosuchus*, un monstruo de 5 metros que evolucionó para aprovechar la abundante despensa móvil que era el *Lystrosaurus*.

En la actualidad, los arcosaurios están representados por dos tipos de animales muy diferentes: los cocodrilos y las aves. En el Triásico, las aves aún no existían, pero había una desconcertante gama de animales que se parecían más o menos a los cocodrilos.

Tal vez los más cercanos fueron los fitosaurios, que habrían sido fácilmente confundidos con cocodrilos, excepto por su tendencia a tener las fosas nasales en la parte superior de la cabeza, en lugar de en el extremo, para poder nadar fácilmente bajo el agua y tener solo una mínima superficie afuera. Los fitosaurios eran carnívoros o, tal vez, comedores de peces. Sus parientes, los aetosaurios, eran vegetarianos y se protegían blindados de caparazones con púas, una premonición de los anquilosaurios que evolucionarían 100 millones de años después.

Los aetosaurios tendrían que temer más a los formidables rauisuquios, depredadores cuadrúpedos de hasta 6 metros de largo, con un cráneo grande y poderoso que no se parecía en nada al de los grandes dinosaurios carnívoros como el *Tiranosaurio*. Aunque muchos caimanes se arrastran, también son capaces de realizar una caminata llamada «marcha alta» en la que sus extremidades se sostienen firmemente debajo del cuerpo. Esto es mucho más eficiente energéticamente para la vida terrestre. Los rauisuquios caminaban así, al igual que muchos de sus parientes arcosaurios. Sin embargo, algunos de ellos eran bípedos, al menos una parte del tiempo.

En el mar, en la tierra y en el aire, el Pérmico y el Triásico fueron testigos de varios ensayos de vuelo por parte de los vertebrados, deseosos de perseguir a los insectos que se habían recuperado en el Carbonífero y que también se diversificaron ampliamente en el Triásico en una gama de formas inusuales. Varios tipos de reptiles planeadores persiguieron a las libélulas por los bosques del Pérmico y del Triásico: criaturas como el *Kuehnosaurus*, que se parecía mucho al actual lagarto planeador *Draco*. Otra forma más típica del Triásico —en el sentido de que era muy extraña y no se parecía a nada visto antes o después— era el *Sharovipteryx*, que se deslizaba entre los árboles, utilizando una membrana estirada entre sus extremidades traseras, muy alargadas.

Sin embargo, no fue hasta el período Triásico cuando los vertebrados empezaron a volar correctamente, en lugar de simplemente planear de árbol en árbol. Estos aeronautas eran los pterosaurios (antes conocidos como pterodáctilos), que eran arcosaurios y primos cercanos de los dinosaurios. [13] Sus alas eran membranas elásticas de músculo y piel que se extendían entre las manos y el cuerpo, sostenidas por un dedo anular (el cuarto) muy alargado: la palabra *pterodáctilo* significa "dedo alado". Los primeros pterosaurios eran pequeños y aleteaban, como los murciélagos. Y, al igual que ellos, también eran bastante mullidos.

A medida que los pterosaurios evolucionaron, crecieron, hasta que los últimos de su especie, a finales del Cretácico, eran tan grandes como pequeños aviones, y apenas aleteaban. De complexión ligera, pero con enormes alas, todo lo que necesitaban para despegar era desplegar sus alas con una ligera brisa y la física hacía el resto. A su éxito, contribuía una constitución delicada, con esqueletos que se modificaron para convertirse en rígidos armazones aéreos hechos de huesos ahuecados casi hasta el punto de ser delgados como el papel. Los pterosaurios más grandes estaban adaptados para remontar las corrientes térmicas del aire. Estos veleros vivientes podían girar de forma increíble para aprovechar hasta la más pequeña corriente térmica, incluso dependiendo de la envergadura de sus propias alas, elevarse más y más hasta que, en la altura, abandonaban una térmica y planeaban hacia abajo para alcanzar otra. [14] De este modo, podían recorrer una gran distancia sin apenas esfuerzo. Los pterosaurios gigantes, como el *Pteranodon,* surcaron los mares que se abrieron al separarse Pangea, planeando entre los continentes jóvenes y divergentes.

Solo los pterosaurios realmente grandes, como el *Pteranodon,* el gigantesco *Quetzalcoatlus* y el posiblemente aún más grande *Arambourgiana* podrían haberse elevado de esta manera. Ninguna fuerza podría haber batido esas enormes alas sin arrugarlas. Y los pterosaurios no tenían el esternón en forma de quilla de las aves, que ancla los poderosos músculos que sirven para volar (estas son las pechugas de las aves que comemos). Solo los pterosaurios más pequeños tenían alas lo suficientemente pequeñas como para un aleteo factible, como el de un murciélago. [15] Los últimos y más grandes pterosaurios no volaban mucho, sino que se desplazaban por el suelo como enormes carpas móviles, con sus enormes cabezas capaces de mirar a los ojos a una jirafa.

La ruptura de Pangea fue una oportunidad para las serpientes y los lagartos. Para los pterosaurios que surcaban las corrientes de aire, fue su perdición. La deriva continental durante el Jurásico y el Cretácico creó un clima variado y tormentoso, muy diferente de las temperaturas más uniformes del Triásico. Aunque el clima de Pangea era a menudo muy desafiante, los vientos, fuera de la época de los monzones, eran ligeros. La ausencia de hielo en los polos y la libertad del océano para hacer circular el calor hacia todas las latitudes significaba que el gradiente de temperatura entre los polos y el Ecuador era muy poco pronunciado. Sin embargo, cuando el tiempo se volvía más ventoso, estas gigantescas y delicadas criaturas se lanzaban de cabeza cual cometas, caían al suelo como tantos paraguas rotos y se hacían pedazos con el impacto.

En medio de la avalancha de reptiles, unos pocos —muy pocos— terápsidos que no eran dicinodontes sobrevivieron. A principios del Triásico, los cinodontes del tamaño de un perro, como el *Cynognathus* y el *Thrinaxodon*, desempeñaban el papel de carnívoros de tamaño pequeño o mediano. Con el paso de los años, las criaturas de este linaje se hicieron cada vez más pequeñas y más peludas, y, deslizándose de modo casi inadvertido por descuidados rincones nocturnos, evolucionaron hasta convertirse en mamíferos. Pero aún no había llegado la hora.

Entre los arcosaurios que tendían a ser bípedos ocasionales, se encontraban los primeros dinosaurios que surgieron, a finales del Triásico, del tumulto de los rauisuquios, rinocéfalos y otros animales más o menos parecidos a los cocodrilos.

Los orígenes de los dinosaurios y los pterosaurios —los arcosaurios de la «línea de las aves», a diferencia del linaje que dio lugar a los cocodrilos— se encuentran en un grupo de criaturas del Triásico denominadas afanosaurios, como el *Teleocrater*, un cuadrúpedo largo y de poca altura, que se parecía bastante a un cocodrilo salvo por el cuello más largo y la cabeza pequeña.[16]

Sería difícil decir, mirando a un animal como el *Teleocrater*, que su linaje tendría un destino maravilloso e importante que esperar, mientras que casi todos sus parientes arcosaurios perecerían. Sin embargo, la pista estaba en sus huesos. Los afanosaurios tenían una tasa de crecimiento ligeramente superior a la de muchos otros arcosaurios y eran un poco más activos y conscientes de su mundo.

Los silesauros estaban más cercanos de los dinosaurios. Eran más esbeltos y gráciles que los afanosaurios, con colas y cuellos largos, pero seguían teniendo las cuatro patas en el suelo.[17] Para finales del Triásico, todos los afanosaurios y todos los silesauros habían desaparecido. Sin embargo, sus parientes más cercanos, los dinosaurios, adoptaron la postura bípeda como forma de vida en lugar de hacerlo ocasionalmente. Basaron toda su anatomía en esta postura. Y ellos iban a heredar la Tierra.

Los dinosaurios empezaron tranquilamente, en el cálido y húmedo interior de Gondwana, lejos de las costas del Tetis azotadas por las tormentas y del calor alienígena de los desiertos de ambos lados. Aunque ya habían empezado a diversificarse en terópodos carnívoros y saurópodos vegetarianos —conocidos en la historia posterior— los dinosaurios eran un espectáculo relativamente pequeño en el carnaval triásico de los dicinodontos, los rincosaurios, los rauisuquios, los aetosaurios, los fitosaurios y los anfibios gigantes.

Pero, cuando algunos de los herbívoros más grandes —los dicinodontes y los rincosauridos— empezaron a declinar, los dinosaurios herbívoros ocuparon su lugar. Los dinosaurios también se trasladaron a regiones más septentrionales y, finalmente, a los desiertos hacia el Ecuador, que antes les estaban vedados. Incluso entonces, seguían siendo actores menores en el drama mucho mayor de los arcosaurios de la línea de los cocodrilos. Los terópodos como el *Coelophysis* y el *Eoraptor*[18] eran pequeños y oportunistas, muy lejos de los monstruos del Jurásico y el Cretácico. Los rauisuquios seguían dominando la tierra; los anfibios gigantes, los ríos y lagos, y una gran cantidad de otros reptiles, el mar. Los saurópodos y sus parientes, como el *Plateosaurus*, eran grandes, pero no como las ballenas terrestres ostentosamente enormes, como el *Brachiosaurus* o el *Diplodocus*, en las que se convertirían. Hacia el final del Triásico, no había signos evidentes de que el destino favoreciera a los dinosaurios más que a cualquier otro grupo de reptiles. Los dinosaurios ocuparon los asientos centrales de la orquesta de reptiles del Triásico, detrás de los solistas estrella y permanecieron allí durante 30 millones de años.

Y todavía, como siempre, debajo de todo, la Tierra se movía. Pangea, el supercontinente forjado a lo largo de cientos de millones de años a partir de los fragmentos de Rodinia, estaba empezando a romperse.

Comenzó a lo largo de un punto débil, un surco en la corteza, donde otros dramas de este tipo habían sucedido. Mucho antes de Pangea, el surco marcaba la línea en la que los Apalaches, que corren paralelos a la costa oriental de Norteamérica, se habían formado a partir de la colisión de dos placas continentales, que había provocado la desaparición de un océano en el Ordovícico, hace 480 millones de años.

A finales del Triásico, la corteza comenzó a separarse, más o menos en la misma línea, para crear lo que sería un nuevo océano: el Atlántico. Se formó un gran valle de fractura, un tajo cada vez más amplio en la Tierra, desde las Carolinas en el sur hasta la Bahía de Fundy en el norte. A medida que se ensanchaba, los sedimentos de ambos lados se hundían en la brecha y así se iba creando un mosaico siempre cambiante de ríos y lagos llenos de vida, pero con volcanes que acechaban a ambos lados.

Llegó el momento en que la corteza se estiró tanto que el monstruo que acechaba debajo pudo desatarse. Hace unos 201 millones de años, una pústula de magma estalló en la superficie, cubrió de basalto el este de América del Norte y las regiones entonces adyacentes del norte de África, y liberó dióxido de carbono, cenizas, humo y el ya conocido cóctel de gases nocivos. Las temperaturas globales, que ya eran altas, se dispararon hasta alcanzar picos aún más perjudiciales para la vida. Era como si la Tierra, resentida por su fracaso en la extinción de la vida 50 millones de años antes, hubiera vuelto a intentarlo.

Esta crisis duró 600.000 años.

Al final, en el comienzo de lo que se convertiría en el océano Atlántico, el mar inundó la grieta. Pero muchos de los animales que habrían surcado los nuevos mares ya no existían: los talatosaurios, los paquipleurosaurios, los nothosaurios, los hupehsuchus y los placodontes habían desaparecido. Los ictiosaurios sobrevivieron junto a un descendiente de los notosaurios, el plesiosaurio. En la tierra, los dicinodontes y los procolofónidos, los rauisuquios y los rincosaurios, los silesaurios, el extraño *Sharovipteryx*, el *Tanystropheus* y los drepanosaurios desaparecieron. El gran circo del Triásico había abandonado la ciudad, pero dejó un grupo de supervivientes.

La variedad de animales parecidos a los cocodrilos se redujo al linaje que dio lugar a los cocodrilos que vemos hoy. Los anfibios gigantes también sobrevivieron, aunque a duras penas, junto con los pterosaurios, unos pocos mamíferos y sus parientes terápsidos cinodontales, los esfenodontes recién aparecidos, las tortugas, las ranas y los lagartos, y los dinosaurios.

El hecho de que los dinosaurios sobrevivieran, cuando tantas criaturas similares a los cocodrilos no lo hicieron, sigue siendo un misterio. Puede que fuera simplemente una cuestión de suerte. Tras el Pérmico, fue el *Lystrosaurus* el que ganó la lotería de la vida. Pero, en ese momento, eran los dinosaurios los que surgían y se diversificaban para poblar el nuevo mundo que comenzaba.

SIETE

DINOSAURIOS EN VUELO

Los dinosaurios siempre estuvieron concebidos para volar. Todo comenzó con su compromiso con el bipedismo, que siempre había sido bastante mayor que el de sus numerosos parientes, como los cocodrilos. [1]

La mayoría de los cuadrúpedos tienen su centro de masa en la región del pecho. Necesitan mucha energía para hacer palanca hacia arriba sobre sus extremidades traseras. Por eso, les resulta difícil mantenerse cómodamente erguidos durante mucho tiempo. En los dinosaurios, en cambio, el centro de masa estaba en las caderas. Un cuerpo relativamente corto delante de las caderas se compensaba con una cola larga y rígida por detrás. Con las caderas como punto de apoyo, los dinosaurios podían sostenerse sobre sus extremidades posteriores sin esfuerzo. En lugar de las extremidades robustas y rechonchas de la mayoría de los amniotas, las extremidades traseras de los dinosaurios eran largas y delgadas. Las patas son más fáciles de mover si son más delgadas hacia los extremos. Cuanto más fácil sea mover las patas, más fácil será correr rápido. Las extremidades delanteras, que ya no eran necesarias para correr, se redujeron y las manos quedaron libres para otras actividades, como atrapar presas o trepar.

Concebidos como una larga palanca equilibrada sobre largas patas, los dinosaurios tenían un sistema de coordinación que controlaba su propia postura constantemente. Su cerebro y el sistema nervioso eran tan agudos como los de cualquier animal que haya existido. De modo que los dinosaurios no solo podían estar de pie, sino también correr, pavonearse, pivotar y hacer piruetas con un aplomo y una gracia que en la Tierra no se había visto antes. Fue una fórmula ganadora.

Los dinosaurios arrasaron con todo. A finales del Triásico, se habían diversificado para ocupar todos los nichos ecológicos en la Tierra, al igual que los terápsidos en el Pérmico, pero con una elegancia consumada. Los dinosaurios carnívoros de todos los tamaños se aprovechaban de los dinosaurios herbívoros, cuya defensa consistía en alcanzar un gran tamaño o revestirse de una armadura tan gruesa que parecían tanques. Los dinosaurios pertenecientes al grupo de los saurópodos volvieron a ser cuadrúpedos y se convirtieron en los animales terrestres más grandes que jamás hayan existido, algunos medían más de 50 metros de largo y el *Argentinosaurus*[2] pesaba más de 70 toneladas.

Sin embargo, ni siquiera ellos se libraron por completo de la depredación. Fueron presa de gigantescos carnívoros: tiburones terrestres como el *Carcharodontosaurus* y el *Giganotosaurus*[3] y, en los últimos días de los dinosaurios, el *Tyrannosaurus rex*.

En esta criatura singular, el potencial de la constitución única de los dinosaurios llegó a su máximo. Las extremidades traseras de este monstruo de 5 toneladas eran dos columnas gemelas de tendones y músculos en las que la velocidad y la gracia de sus antepasados cambió por una potencia prodigiosa y una fuerza casi imparable.[4] Sobre sus poderosas caderas y equilibrado por una larga cola, el cuerpo era relativamente corto, las extremidades anteriores quedaron reducidas a meros vestigios, la masa se concentraba en los poderosos músculos del cuello y en las grandes mandíbulas. Las mandíbulas estaban llenas de dientes, cada uno del tamaño, la forma y la consistencia de un plátano, si los plátanos fueran más duros que el acero. Con los dientes, eran capaces de triturar huesos[5], perforar la coraza de herbívoros del tamaño de un autobús, lentos pero con buenas defensas como los anquilosaurios y el *Triceratops*, que tenía muchos cuernos. El tiranosaurio y sus parientes arrancaban trozos sangrientos de sus presas y los engullían enteros, con carne, hueso y armadura.[6]

Pero los dinosaurios también destacaron por ser pequeños. Algunos eran tan pequeños que podrían haber bailado en la palma de una mano. El *Microraptor*, por ejemplo, tenía el tamaño de un cuervo y no pesaba más de 1 kilo; el peculiar *Yi*, parecido a un murciélago, tan diminuto el nombre como su tamaño, pesaba menos de la mitad.

La gama de tamaños de los terápsidos iba desde un gran elefante hasta un pequeño terrier, pero los dinosaurios superaban incluso estos extremos. ¿Cómo llegaron los dinosaurios a ser tan grandes y tan pequeños? Todo comenzó con la forma de respirar.

Hubo una ruptura en lo más profundo de la historia de los amniotas. En los mamíferos —los últimos terápsidos supervivientes, los rezagados del Triásico, que aún aguantaban a la sombra de los dinosaurios— la ventilación era cuestión de inhalar y exhalar. Considerada objetivamente, se trata de una forma ineficaz de introducir oxígeno en el cuerpo y sacar dióxido de carbono. Se gasta energía al introducir aire fresco por la boca y la nariz, y en bajarlo a los pulmones, donde el oxígeno es absorbido por los vasos sanguíneos que rodean los pulmones. Pero los mismos vasos sanguíneos deben desechar el dióxido de carbono por los mismos espacios, ya que el dióxido de carbono debe ser exhalado por los mismos orificios por los que entró el aire fresco. Esto significa que es muy difícil eliminar todo el aire viciado de una vez o llenar todos los rincones y grietas con aire fresco en una sola inspiración.

Los demás amniotas —dinosaurios, lagartos y otros— también inhalaban y exhalaban por los mismos orificios, pero lo que ocurría entre la inspiración y la espiración era bastante diferente. Desarrollaron un sistema unidireccional para el manejo del aire, que hacía que la respiración fuera muy eficiente. El aire entraba en los pulmones, pero no salía inmediatamente. En su lugar, se desviaba, guiado por válvulas unidireccionales, a través de un extenso sistema de sacos de aire repartidos por todo el cuerpo. Aunque todavía se observa en algunos lagartos,[7] fueron los dinosaurios los que desarrollaron este sistema en su máxima expresión. Los espacios aéreos —en última instancia, extensiones de los pulmones— rodeaban los órganos internos e, incluso, penetraban en los huesos.[8] Los dinosaurios estaban llenos de aire.

Este sistema de tratamiento del aire era tan elegante como necesario. Los dinosaurios, con un potente sistema nervioso y una vida activa que exigía la adquisición y el gasto de grandes cantidades de energía, se calentaban. Esta actividad energética requería el transporte de aire más eficiente que pudiera concebirse hacia los tejidos ávidos de oxígeno. Este intercambio de energía generaba un gran exceso de calor. Los sacos de aire son una buena manera de desprenderse de él. Y este fue el secreto del enorme tamaño que alcanzaron algunos dinosaurios: se refrigeraban por aire.

Si un cuerpo crece, pero conserva su forma, su volumen crecerá mucho más rápido que su superficie.[9] Esto significa que, a medida que un cuerpo aumenta de tamaño, hay mucho más en el interior en relación con el exterior. Esto puede convertirse en un problema tanto para obtener los alimentos, el agua y el oxígeno que un cuerpo necesita como para eliminar los productos de desecho y el calor generado por la digestión de alimentos y para, simplemente, vivir. Esto se debe a que el área disponible para introducir y eliminar elementos se reduce en relación con el volumen de los tejidos que deben ser atendidos.

La mayoría de las criaturas son microscópicas, por lo que nada de esto supone un problema, pero, para cualquiera que sea mucho más grande que un signo de puntuación, se convierte en un problema. El problema se resuelve, en primer lugar, mediante la evolución de sistemas especializados de transporte, como los vasos sanguíneos, los pulmones, etc.; y, en segundo lugar, mediante el cambio de forma, al crear sistemas extendidos o complejos que actúan como radiadores, desde las velas de los pelicosaurios y las orejas de los elefantes hasta las complejidades internas de los pulmones, que cumplen la importante función de disipar el exceso de calor, además del intercambio de gases.[10]

Los mamíferos, cuando se liberaron de un mundo dominado por los dinosaurios y fueron capaces de crecer hasta alcanzar un tamaño superior al de un tejón, resolvieron este problema de aislamiento mudando el pelo a medida que crecían, y sudando. El sudor segrega agua sobre la superficie de la piel y, al evaporarse, la energía necesaria para transformar el sudor líquido en vapor es expulsada por los pequeños vasos sanguíneos que se encuentran justo debajo de la piel y, así, se produce un efecto de enfriamiento. Pero el aire exhalado por los pulmones también contribuye con la pérdida de calor, por lo que algunos mamíferos más peludos jadean y exponen una lengua larga y húmeda al alivio de la evaporación del aire. El mamífero terrestre más grande fue el *Paraceratherium*, un pariente alto, enjuto y sin cuernos de los rinocerontes, que vivió hace unos 30 millones de años, mucho después de la desaparición de los dinosaurios. Alcanzaba los 4 metros de altura y llegaba a pesar hasta 20 toneladas.

Pero los dinosaurios más grandes eran mucho, mucho más grandes. La superficie de un saurópodo gigantesco como el *Argentinosaurus*, de 70 toneladas y 30 metros de largo, que se encuentra entre los animales terrestres más grandes que jamás hayan existido, era ínfima en comparación con su volumen. Ni siquiera los cambios de forma, como la prolongación del cuello y la cola, eran suficientes para expulsar todo el calor generado por sus amplias entrañas.

Aunque los saurópodos eran muy grandes, es una regla general que los animales grandes tienen tasas metabólicas menores que los más pequeños, por lo que generalmente funcionan a menor temperatura. Calentar un dinosaurio de ese tamaño al sol habría llevado mucho, mucho tiempo, pero enfriarlo habría llevado el mismo tiempo, por lo que un dinosaurio muy grande, una vez calentado, podría haber mantenido una temperatura corporal bastante constante simplemente por ser muy grande.[11]

Sin embargo, fue la herencia de los dinosaurios lo que los salvó y les permitió crecer tanto. Como sus pulmones, ya voluminosos, se extendían en un sistema de sacos de aire que se ramificaban por todo el cuerpo, estos animales tenían menos masa de lo que parecía. Los sacos de aire en los huesos también causaban que el esqueleto fuera ligero. Los esqueletos de los dinosaurios más grandes eran un triunfo de la ingeniería biológica, ya que los huesos se reducían a una serie de puntales huecos que soportaban el peso, con el menor número posible de partes no portantes.

Pero la clave estaba en el sistema interno de sacos de aire, que consistía en algo más que conducir el calor desde los pulmones. Este sistema tomaba el calor de los órganos internos directamente, sin tener que transportarlo primero por el cuerpo a través de la sangre, luego a los pulmones, y disipar parte de él en el camino, lo que agrava el problema. Un beneficiario importante era el hígado, que generaba mucho calor y que, en un dinosaurio grande, tenía el tamaño de un coche. El funcionamiento interno de los dinosaurios, refrigerados por aire, era más eficiente que el de los mamíferos, refrigerados por líquido.[12] Esto permitió que los dinosaurios fueran mucho más grandes que los mamíferos, sin hervirse vivos.

El *Argentinosaurus* no era tanto un voluminoso mastodonte, sino más bien un pájaro de patas ligeras, cuadrúpedo y no volador. Porque las aves, herederas de los dinosaurios, tienen la misma estructura ligera, el mismo metabolismo rápido y el mismo sistema de refrigeración por aire. Todo esto es enormemente ventajoso para el vuelo, una actividad que exige una estructura aérea ligera.

El vuelo también está asociado con las plumas. Los dinosaurios tuvieron una capa de plumaje desde los primeros tiempos de su historia. Al principio, las plumas eran más bien pelos, una característica compartida con los pterosaurios, el primer grupo de vertebrados que aprendió a volar, allá por el Triásico, parientes cercanos de los dinosaurios.[13] Incluso sin volar, una capa de plumas ofrecía un aislamiento esencial para un animal pequeño que generaba mucho calor. El problema al que se enfrentaban los dinosaurios pequeños y activos era el opuesto al que desafiaba a los muy grandes: evitar que todo ese costoso calor se disipara en el medio ambiente.[14] Pero esas plumas tan sencillas pronto desarrollaron aspas, púas y colores.[15] Animales tan inteligentes y activos como los dinosaurios tenían una vida social muy ocupada, en la que la exhibición social desempeñaba un papel importante.

Otra de las claves del éxito de los dinosaurios fue el hecho de poner huevos. Aunque los vertebrados en general siempre han puesto huevos —un hábito que permitió la conquista final de la tierra por parte de los primeros amniotas— muchos vertebrados han vuelto al hábito ancestral, encontrado en los primeros vertebrados con mandíbula, de parir crías vivas. Todo es cuestión de encontrar una estrategia para proteger a las crías, sin que suponga un coste demasiado alto para los padres. Los mamíferos empezaron poniendo huevos. Casi todos ellos se convirtieron en vivíparos, pero a un coste terrible. Parir crías vivas exige un gran gasto de energía, lo que limita el tamaño que los mamíferos pueden alcanzar en tierra.[16] También limita el número de crías que pueden tener a la vez.[17]

Sin embargo, ningún dinosaurio tuvo a sus crías de esta manera. Todos los dinosaurios ponían huevos al igual que todos los arcosaurios. Al ser criaturas inteligentes y activas, los dinosaurios maximizaban el éxito de su descendencia incubando los huevos en nidos y cuidando de las crías tras la eclosión. Muchos dinosaurios, sobre todo los herbívoros más gregarios, como los saurópodos, y los hadrosaurios, más pequeños y bípedos, que sustituyeron en gran medida a los saurópodos en el Cretácico, hacían sus nidos en colonias comunales, que dominaban el paisaje y se extendían de horizonte a horizonte. Las hembras de los dinosaurios obtenían del interior de sus propios huesos el calcio necesario para los huevos, un hábito que las aves han conservado.[18]

Fue un sacrificio que valió la pena hacer en vista de las ventajas que ofrece la puesta de huevos. El huevo del amniota es una de las piezas maestras de la evolución. No solo consiste en un embrión, sino en una cápsula completa de soporte vital. El huevo contiene suficientes nutrientes hasta que el animal rompe el cascarón, así como un sistema de eliminación de residuos, para garantizar que esta biosfera autónoma no se envenene. El acto de poner un huevo significaba que un dinosaurio se libraba de la molestia y el gasto de criar dentro de su propio cuerpo.

Algunos dinosaurios gastaban energía en el cuidado de sus crías después de la eclosión, pero no estaban atados a esta obligación. Algunos enterraban sus huevos en un agujero caliente o en un estercolero y dejaban que las crías corrieran el riesgo que el destino les deparara. La energía que se gasta en la reproducción y la crianza de un pequeño número de crías podría haberse gastado en otra cosa, por ejemplo, en poner un número de huevos mucho mayor que el que hubiera permitido cualquier tipo de gestación interna. Y, por supuesto, para crecer. Los dinosaurios crecían rápidamente. Los saurópodos necesitaban crecer lo más rápidamente posible hasta ser tan grandes como para que los carnívoros no pudieran atacarlos. En respuesta, los carnívoros tenían que crecer rápidamente también. El *Tyrannosaurus rex*, por ejemplo, alcanzaba su masa adulta de 5 toneladas en menos de veinte años, crecía hasta 2 kilos al día, un ritmo de crecimiento mucho más rápido que el de sus parientes más pequeños. [19]

Los dinosaurios y sus parientes inmediatos pasaron millones de años acumulando todo lo que necesitaban para volar: plumas, un metabolismo rápido, una eficiente refrigeración por aire para mantenerlo, una estructura aérea ligera y una singular devoción por la puesta de huevos. [20] Algunos dinosaurios utilizaron algunas de estas adaptaciones para hacer cosas muy poco propias de las aves, como crecer hasta un tamaño que ningún animal terrestre ha superado todavía. Sin embargo, al final, los dinosaurios estuvieron listos para despegar. Entonces, ¿cómo dieron los dinosaurios ese último paso y consiguieron volar?

Comenzó en el período Jurásico, cuando un linaje de dinosaurios carnívoros, ya de por sí pequeños, evolucionó hasta hacerse aún más pequeños. Cuanto más pequeños se volvían, más emplumadas eran sus pieles, ya que los animales pequeños con metabolismos rápidos necesitan mantenerse calientes. Estos animales a veces vivían en los árboles, mucho mejor para no llamar la atención de sus compañeros de mayor tamaño. Algunos descubrieron cómo utilizar sus alas plumosas para mantenerse en el aire durante más tiempo y así se convirtieron en pájaros.

No hay nada mágico en un ala. Tiene una forma que perturba el aire por el que se desplaza, de modo que algunas parcelas de aire se mueven con extrema rapidez, mientras que otras permanecen en la inmovilidad de remolinos y torbellinos. El resultado de todos estos cambios de velocidad es una fuerza ascendente sobre el ala. Esta fuerza aumenta en proporción a la velocidad con la que se mueve el ala y se llama *sustentación*.

Hay dos maneras de alzar vuelo.

La primera es desde el nivel del suelo (o desde el agua). El aspirante a aeronauta corre lo más rápido posible contra el viento, batiendo las alas con toda su fuerza. El despegue es teóricamente posible incluso si las alas se mantienen rígidas en posición horizontal, pero ningún animal volador es un corredor tan potente. Sin embargo, el aleteo altera la distribución de la velocidad del aire que se mueve alrededor del ala para aumentar la sustentación, haciendo posible lo improbable.[21]

La otra forma de elevarse en el aire es posarse en un lugar alto y dejarse caer, de modo que la aceleración debida a la gravedad haga el trabajo. Es aún más fácil si uno puede saltar y aprovechar una corriente térmica, una columna de aire caliente que se eleva desde el suelo, para lograr una mayor flotabilidad.

Los mejores voladores son muy pequeños, incluso microscópicos, y van adonde los lleve el viento. La mayoría de los organismos vivos son pequeños y han viajado así desde tiempos inmemoriales, ya sean las esporas de las primeras plantas terrestres transportadas por una brisa del Ordovícico; virus despedidos por las fosas nasales de un tiranosaurio a causa de un estornudo; bacterias que se desprendían de su piel; arañas transportadas en hilos de seda flotantes; insectos diminutos... todos constituían y constituyen un gran plancton aéreo, en gran medida ignorado, que flota justo desde encima del suelo hasta el borde del espacio. Un organismo muy pequeño, una espora o un grano de polen, no necesita adaptaciones especiales, como alas, para elevarse en el aire cuando puede ser transportado muchos kilómetros por la más ligera ráfaga.

Y ahí está el problema. El plancton aéreo está sujeto a los caprichos del viento y no puede controlar adónde va. Para los voladores muy pequeños, que intentan imponer alguna dirección a sus vidas, se necesitan alas. Pero, para algo tan pequeño como una mota, las moléculas de aire parecen considerablemente más grandes que para algo grande como, por ejemplo, una abeja o una mosca. Para una mota de polvo, el aire es viscoso, como el agua o el jarabe, por lo que volar es más parecido a nadar. Las alas de los insectos alados más pequeños se parecen más a las cerdas que a los alerones y funcionan como remos, como si remaran por el aire.

Para una criatura lo suficientemente grande como para que la atracción de la gravedad sea más importante que el movimiento de las moléculas de aire, la primera etapa del vuelo es simplemente una especie de caída controlada. Así es el paracaidismo. Los paracaidistas que consiguen desplazarse horizontalmente más que caer verticalmente son conocidos como *planeadores*, pero se trata de una caída controlada. [22]

Los animales han descubierto este medio de locomoción muchas veces, desde la llamada serpiente «voladora», que extiende su cuerpo para formar una especie de ala única y las ranas «voladoras», con enormes patas cuya forma se parece a la de los paracaídas, hasta muchos, muchos tipos de reptiles planeadores parecidos a los lagartos, existentes o conocidos por los registros fósiles, con la piel extendida a cada lado sobre costillas enormemente alargadas o, incluso, huesos en la propia piel. Lo han descubierto desde el Pérmico por lo menos. Muchos pequeños mamíferos son paracaidistas consumados, desde los planeadores del azúcar (*P. Breviceps*) del sudeste asiático hasta una serie de ardillas «voladoras», que planean utilizando pliegues de piel estirados entre las patas delanteras y las traseras. Los mamíferos aprendieron a planear casi tan pronto como evolucionaron. Uno de los grupos de mamíferos más antiguos, los haramíyidos, se lanzaron al aire en el Jurásico[23], posiblemente antes que el primer pájaro conocido, el *Archaeopteryx*.

No puede ser una coincidencia que todos estos animales que planean vivan o hayan vivido en los árboles y que el hábito del paracaidismo haya evolucionado muchas veces de forma independiente. [24] Al fin y al cabo, para cualquier criatura aficionada a trepar a los árboles, la selección natural impone un peaje implacable a cualquier animal que se caiga. Cualquier animal con alguna adaptación que minimice el impacto de la caída y le permita morir otro día, tendrá la selección natural a su favor. [25]

Solo los dinosaurios más pequeños tenían alguna posibilidad de volar, ya que, como hemos visto, las leyes de la física demuestran que, a medida que se aumenta el tamaño, también aumentan las necesidades de energía para volar. Solo los pequeños voladores pueden aletear. Los más grandes solo pueden volar.

Los dinosaurios utilizaban una combinación de vías para despegar: correr y aletear, y planear y caer. En cualquier caso, se convirtieron en seres aéreos por accidente. Sus alas emplumadas existían mucho antes de que volar fuera una opción. Muchos dinosaurios lucían mechones de plumas o púas, y los habían lucido durante mucho tiempo.

Pero fue un linaje de pequeños dinosaurios carnívoros el que desarrolló un plumaje completo. Aunque estas criaturas se parecían a las aves en muchos aspectos —plegaban los brazos como las aves pliegan las alas[26], incubaban sus huevos como las aves[27], etcétera—, algunos eran demasiado grandes, físicamente, para aerotransportarse.[28] Y, sin embargo, muchos tenían plumas, que utilizaban como aislante térmico, para la exhibición sexual, como camuflaje para evitar a los depredadores, o para una combinación de todas estas acciones y quizás también para otras.

Los primeros vuelos no eran más que pequeños saltos y podían iniciarse tanto desde el suelo como desde una altura ligeramente superior. Las alas de los primeros dinosaurios que se alzaron en el aire funcionaban lo suficientemente bien, y no más, como para llevarlos a las ramas bajas, para que se posaran por la noche. Los polluelos, al ser aún más pequeños, podrían haber llegado más lejos, utilizando sus alas cortas y mochas para ayudarse a correr por las laderas empinadas o por los troncos de los árboles.[29] Y, una vez arriba en las ramas, ¿qué pasa? Un dinosaurio con alas más rudimentarias, sobre todo si era pequeño, saltaba, utilizando sus alas para frenar el descenso, con algún que otro aleteo para elevarse. El *Archaeopteryx*, la emblemática «primera ave», tenía alas totalmente emplumadas, pero carecía de la profunda quilla en el esternón que tienen las aves actuales, donde se anclan los músculos que utilizan para volar. Por lo tanto, el *Archaeopteryx* no era un volador muy potente, pero era capaz de volar distancias cortas entre las ramas, desde el suelo hasta ramas bajas.

El *Archaeopteryx* vivió a finales del Jurásico y fue uno de los muchos dinosaurios que experimentaron el vuelo. Algunos de los primeros dinosaurios voladores eran biplanos, con plumas de vuelo tanto en las patas como en las alas. El más famoso fue el diminuto dinosaurio *Microraptor*, procedente de China, que formaba parte de un grupo de dinosaurios llamados dromaeosauros.[30] Los dromaeosauros eran primos cercanos del *Archaeopteryx*, junto con otro grupo de pequeños e inteligentes bípedos, los troodóntidos. Y, al igual que las aves y los dromaeosauros, los troodóntidos experimentaron con las plumas y, tal vez, con cierto grado de vuelo. Un troodóntido, el *Anchiornis*, tenía plumas en los brazos y las patas, al estilo del Microraptor, y vivió en el Jurásico[31] antes de la aparición del *Archaeopteryx*.

Uno de los experimentos más extraños sobre el vuelo fue realizado por otro pequeño grupo de dinosaurios estrechamente relacionado con los dromaeosauros, los troodóntidos y las aves. Estas criaturas, del tamaño de un gorrión o un estornino, vivían casi con toda seguridad en los árboles. Aunque estaban emplumados (uno de ellos, el *Epidexipteryx*, tenía largos penachos en forma de cinta[32]) sus alas eran redes de piel desnuda, como las de los murciélagos.[33] Estas criaturas, los escansoriopterígidos, fueron un experimento «dinosauriano» sobre un modo de volar similar al de los murciélagos, de corta duración, que nació, chisporroteó y murió antes de que naciera el primer pájaro o se destetara el primer murciélago.

Otra característica de la evolución del vuelo es la frecuencia con la que los animales se las ingenian para perderlo.[34]

Los pájaros parecen no perder la oportunidad de abandonar el vuelo en cuanto pueden. En primer lugar, no todas las aves son muy buenas para volar. Al menos dos órdenes enteros de aves abandonaron el vuelo hace tiempo. Uno de ellos es el de las ratites, como los avestruces, los emús, los casuarios y los kiwis, y sus parientes extintos, los moas de

Nueva Zelanda y el ave *Aepyornis* o elefante de Madagascar, que se extinguieron no mucho después de que el ser humano llegara allí por primera vez. El otro son los pingüinos, que convirtieron sus alas en aletas para volar bajo el agua. Ambos grupos son muy antiguos. Otras aves dejaron de volar cuando, al llegar a islas, aisladas y libres de depredadores terrestres, descubrieron que podían tomarse las cosas con calma. Algunos ejemplos son el cormorán no volador de las Islas Galápagos, el kakapo (una especie de loro) de Nueva Zelanda y el dodo (una paloma de gran tamaño) de Mauricio.

Sin embargo, hubo otros grupos, no relacionados con las ratites, que se extinguieron millones de años antes de la aparición del ser humano. A finales del Cretácico, un pájaro primitivo llamado *Ichthyornis*, que parecía una gaviota con dientes,[35] revoloteaba por las costas de una vía marítima que antaño atravesaba Norteamércia de norte a sur, mientras pterosaurios como *el Pteranodon* se elevaban por encima. Lo acompañaba el *Hesperornis*, un gran pájaro de más de un metro de longitud, pero que prácticamente no tenía alas y que, como los pingüinos, probablemente vivía como buceador tras los peces. Otro pájaro del Cretácico, el *Patagopteryx*, del tamaño de una gallina, que vivió en Argentina más o menos en la época en que el *Ichthyornis* y el *Hesperornis* surcaban las playas de la antigua Nebraska, también parece haber renunciado a volar. Un grupo de dinosaurios conocido como alvarezsáuridos incluye un grupo de criaturas muy pequeñas, con plumas y largas patas, pero las alas estaban reducidas a diminutos muñones, cada uno armado con una gran garra. Cuando estas criaturas fueron descritas por primera vez por los científicos, se pensó que eran aves no voladoras.[36]

El vuelo es un hábito caro. Aunque todos los prerrequisitos para el vuelo existían en el esquema de los dinosaurios casi desde el principio, volar era y es inmensamente exigente, por lo que no es de extrañar que muchos voladores lo abandonaran cuando se presentaba la oportunidad. Los miembros más pequeños y con mayor capacidad de vuelo de los dromaeosaurios y los troodóntidos solían ser los primeros ejemplares de sus familias: sus descendientes eran más grandes y estaban más asentados en la tierra. Los dromeosáuridos y los troodóntidos posteriores fueron los dragones que cayeron a la tierra.

Los pájaros dejaron de volar incluso antes de convertirse en aves.

No se trataba de que muchos no aceptaran el reto. Los cielos del Cretácico se llenaron rápidamente de los gorjeos, graznidos y trinos de innumerables aves. Muchas pertenecían a las enantiornitas, un grupo de aves muy similares a las actuales, salvo que conservaban dientes y garras en las alas. Pero las aves con un aspecto similar a las actuales empezaron a aparecer mucho antes del final del Cretácico. El ave costera del Cretácico tardío, *Asteriornis*, por ejemplo, era prima del grupo de aves que acabaría convirtiéndose en patos, gansos y pollos.[37]

La Tierra siguió cambiando. A finales del Cretácico, Pangea se había dividido en las masas de tierra que hoy, más o menos, conocemos. Esta división causó que distintos tipos de dinosaurios evolucionaran en diferentes lugares. Un grupo de terópodos llamados abelisaurios se encontraron principalmente solo en los continentes del sur, mientras que los ceratopsianos, como el *Triceratops*, se encontraron casi siempre en el oeste de América del Norte y el este de Asia, regiones que estaban unidas entre sí, pero separadas de otras masas terrestres.[38]

El aislamiento de los dinosaurios en las islas creó extrañas colecciones de Alicia en el País de las Maravillas. En el Jurásico, por ejemplo, Europa era un archipiélago de islas tropicales, muy parecido a la Indonesia actual, con su propia y única fauna de saurópodos en miniatura, como el *Europasaurus*, de no más de seis metros de largo.[39] Madagascar, entonces como ahora, era un refugio para lo exótico. En el Cretácico, muchos nichos ecológicos, incluso el vegetariano, estaban ocupados por los cocodrilos.[40]

En el Cretácico también aparecieron las plantas con flores.[41] Estas empezaron siendo pequeñas y, al igual que los tetrápodos, estaban cerca del agua, vistiendo las orillas de los ríos con las flores blancas y cerosas de los nenúfares, que destacaban de forma llamativa contra el muro verde de las coníferas.

Las plantas llevaban mucho tiempo protegiendo sus embriones dentro de las semillas, pero las plantas de floración añadieron más capas de protección. Como en todas las plantas, una célula masculina fecunda una célula femenina para crear un embrión. Pero las plantas con flores añadieron otras dos células femeninas que, fecundadas por otro espermatozoide, en un *ménage à trois*, crearon un tejido llamado *endospermo*, del que podía alimentarse el joven embrión. Toda la estructura se envolvió en otra capa protectora, que se convirtió en el fruto. Antes del fruto, estaba la flor, coloreada y perfumada para atraer a los polinizadores. El fruto también podía ser coloreado y perfumado para animar a los animales a comerlo y así dispersar las semillas que contenía a través de sus heces.

Las plantas terrestres sencillas, como los musgos, llevaban millones de años tentando a los animales para que ayudaran a su fertilización[42], probablemente desde la primera colonización de la tierra. Tales esfuerzos eran crepusculares y ocultos, nada que ver con el espectacular primer florecimiento de las plantas, que se produjo junto a un estallido explosivo de la evolución de polinizadores, como hormigas, abejas, avispas y escarabajos, criaturas que hoy dominan la Tierra en número de especies. La relación entre las plantas con flores y sus polinizadores es sutil, polifacética y compleja, y recién surgió cuando la era de los dinosaurios estaba en su apogeo.

El mundo de los dinosaurios parecía no tener fin. De hecho, podría haber continuado indefinidamente, a pesar de la erupción de una pluma de magma en la India al final del Cretácico. Aparte de eso, el Jurásico y el Cretácico fueron épocas en las que la Tierra parecía sumida en un profundo letargo. En cambio, la crisis que puso fin al Cretácico fue rápida, brutal y vino del cielo.

Basta con mirar la cara de la Luna para ver que lleva cicatrices de colisiones. La mayoría de las superficies sólidas del sistema solar están llenas de cráteres, desde los microscópicos hasta los gigantescos. Incluso la más pequeña e insignificante muestra de un asteroide está acribillada, cráter tras cráter, por los impactos de misiles aún más pequeños. Solo los cuerpos que remodelan constantemente su superficie consiguen borrar estas pruebas. [43]

La Tierra también ha sido impactada muchas veces por cuerpos procedentes del espacio, pero los cráteres que sobreviven son escasos. Los pocos cuerpos que impactan y que no se queman en la densa atmósfera dejan pocas cicatrices, ya que el viento, los fenómenos meteorológicos, el agua y, por supuesto, la actividad de los seres vivos, las desgastan rápidamente. Los gusanos escarban en las paredes del cráter, socavándolas. Las raíces las agrietan y las convierten en polvo. Los mares los llenan, los sedimentos los entierran, la vida los invade y los cráteres desaparecen como si nunca hubieran existido.

Pero solo hizo falta uno. El impacto de un asteroide hace unos 66 millones de años súbitamente puso fin al mundo de los dinosaurios.

Como todas las cosas que suceden de la noche a la mañana, el impacto se había venido preparando durante mucho tiempo. La carta del destino de los dinosaurios estaba marcada desde mucho antes. Hace unos 160 millones de años, a finales del Jurásico, una colisión en el lejano cinturón de asteroides produjo un asteroide de 40 kilómetros de diámetro ahora conocido como Baptistina, que con un arsenal de más de 1000 fragmentos, cada uno de más de un kilómetro de diámetro, (algunos mucho más grandes), salió disparado. Estos heraldos de la fatalidad se dispersaron por el sistema solar interior. [44]

Alrededor de 100 millones de años después, uno de ellos golpeó la Tierra. El asteroide, que podría haber tenido hasta 50 kilómetros de diámetro [45], se estrelló contra la costa de la actual península de Yucatán, en México, a 20 kilómetros por segundo, de modo que penetró en la corteza y la fundió. Un relámpago cegador, seguido de un vendaval de 1000 kilómetros por hora con un ruido inimaginable, destruyó completamente la vida en toda la región del Caribe y gran parte de América del Norte, antes de que el mundo entero se viera acribillado por bombas de fuego con un viento infernal que convirtió los árboles en antorchas. Los tsunamis arrastraron el agua de todo el Golfo de México hacia el mar antes de que una ola de 50 metros se estrellara contra la costa y se adentrara más de 100 kilómetros hacia el interior.

El meteorito perforó sedimentos ricos en anhidrita, restos de un antiguo fondo marino. La anhidrita es una forma de sulfato de calcio. El impacto la convirtió instantáneamente en gas de dióxido de azufre. En la estratosfera, este gas creó nubes que, junto con el polvo, ocultaron el Sol y sumieron al mundo en un invierno que duró años. Cuando el Sol se despejó nuevamente, el dióxido de azufre había sido eliminado en forma de lluvia ácida de una intensidad tan dañina que dejó cicatrices en las plantas que quedaban y disolvió todos los arrecifes.

Para entonces, todos los dinosaurios no voladores habían desaparecido. Los últimos pterosaurios habían desaparecido del cielo. En los mares, los magníficos plesiosaurios, sucesores de los nothosaurios del Triásico, perecieron junto con los mosasaurios, temibles lagartos océanicos. [46] Los grandes amonites, parientes de los calamares y los pulpos, que surcaban los mares dentro de espiraladas conchas, algunos tan grandes como los neumáticos de un camión, fueron exterminados y, así, finalizó un linaje que había comenzado en el Cámbrico.

El cráter que se produjo tenía 160 kilómetros de diámetro.

Pero una vez más la vida se recuperó. Aunque las tres cuartas partes de las especies se había extinguido, la vida regresó pronto a la zona cero. En 30.000 años, el fondo del mar ya estaba habitado por el plancton[47], cuyos esqueletos calcáreos cayeron como lluvia sobre el lecho marino y enterraron los restos del cráter formado por el impacto.

Los herederos fueron aquellos descendientes lejanos de los terápsidos que, al igual que los dinosaurios, habían desarrollado un metabolismo rápido, pero lo utilizaban de forma totalmente diferente. Los mamíferos, tras permanecer en la sombra desde el Triásico, finalmente salieron a la luz.

OCHO

ESOS MAGNÍFICOS MAMÍFEROS

Había una vez, en el período Devónico, un par de huesos dentro de un pez acorazado, uno a cada lado de la parte posterior de la cabeza. El pez no les prestó atención. Después de todo, el pez estaba ocupado, lanzando arena para tapar la mirada del escorpión marino gigante que lo perseguía.

Los huesos, sin embargo, seguían desempeñando su papel. Eran un par de puntales que sostenían el cerebro en su caja de cartílago blando, contra la armadura ósea del exterior, justo por encima del primer par de hendiduras branquiales.

Las mandíbulas evolucionaron cuando otros dos soportes, los puntales de cartílago que separaban la boca de las primeras hendiduras branquiales, se plegaron sobre sí mismas en el centro, con las articulaciones apuntando hacia atrás. Estas articulaciones de la mandíbula se amontonaban en el primer par de hendiduras branquiales, de modo que las hendiduras se reducían a un par de pequeños agujeros. Estos eran los espiráculos, cada uno justo por encima de la articulación de la mandíbula de cada lado. Los puntales de sujeción del cerebro se encontraban entonces haciendo una triple función. Eran, además de vigas estructurales como antes, los que, en un extremo, anclaban los músculos que abrían y cerraban los espiráculos y, en el otro, estaban estrechamente unidos a los agujeros de la caja del cerebro que conducían a los oídos internos, uno a cada lado.

Los oídos internos eran estructuras diminutas y frágiles, sin las cuales los peces se perderían, se desorientarían y no sabrían qué camino tomar. Se trataba de laberintos de tubos llenos de líquido, cada uno de los cuales era un reflejo del otro. El movimiento del fluido perturbaba la materia pegajosa enriquecida con minerales adherida a los pelos, que, a su vez, en el otro extremo, estaba unida a las células nerviosas. El movimiento del entorno provocaba el movimiento del fluido, que perturbaba la materia, que a su vez tiraba de los pelos, que disparaban impulsos nerviosos al cerebro y, al instante, el pez sabía dónde estaba: nadando rápidamente por el agua con las pinzas que chasqueaban de un voraz escorpión marino cercano.

Este mismo sistema de canales era sensible a la vibración del agua: de nuevo a través de un sistema de células ciliadas microscópicas, como las cuerdas de un arpa. La vibración pulsaba las cuerdas, cada una afinada en su propia nota, y el pez oía el ominoso estruendo de su perseguidor. Y el par de puntales siempre presentes, uno a cada lado, conducían esas vibraciones desde el exterior hasta el oído interno. En los primeros tetrápodos, como el *Acanthostega*, estos puntales de refuerzo —llamados *hiomandibulares*— eran robustas vigas. No conducían muy bien el sonido, especialmente cualquiera que estuviera por encima de un rugido bajo, como si se tratara de un trueno lejano. [1]

Cuando los tetrápodos finalmente salieron a la tierra, se encontraron con un entorno acústico completamente diferente: el aire libre. Los cartílagos que formaban los arcos branquiales se convirtieron en soportes de la lengua y la laringe. Solo los hiomandibulares permanecieron en su sitio, pero se dedicaron a la detección del sonido. Los espiráculos estaban cubiertos por finas membranas. Estos eran los tímpanos. Las hiomandíbulas conducían las vibraciones del tímpano directamente al oído interno. Debido a esta nueva función, la hiomandíbula adquirió el nombre de *columella auris*, es decir, pequeña columna del oído. Pero también se la conoce como *estribo*. El estribo se encuentra entre el tímpano y el oído interno. Su imperio de bolsillo era el oído medio. [2]

Cuando los sonidos golpean el tímpano, las vibraciones se conducen a través del estribo hasta el oído interno. Así es como oyen hasta hoy los anfibios, los reptiles y las aves. Con el paso del tiempo, el estribo se volvió muy fino y sensible a un susurro. Aun así, tenía sus límites. El piar, los graznidos y los gorjeos de los pájaros llenan el aire: las aves hacen algunos de los ruidos más intensos que se oyen en la naturaleza.[3] Sin embargo, los pájaros son en gran medida insensibles a los sonidos de una frecuencia superior a unos 10.000 ciclos por segundo o 10 kilohercios (kHz).[4]

Los mamíferos, sin embargo, lo hacen de forma diferente. En lugar de tener un solo hueso en el oído medio, el estribo, tienen tres. El estribo se conecta al oído interno como antes y, de ahí, al cerebro, pero hay otros dos huesos entre el tímpano y el estribo. Se trata del martillo, que se inserta en el tímpano, y del yunque, que une el martillo al estribo.[5] El efecto sobre la sensibilidad de los mamíferos ha sido drástico.

La cadena de tres huesos actúa para amplificar el sonido. También aumenta la sensibilidad de los oídos a las frecuencias más altas. Los humanos, al menos en la infancia, podemos oír notas de hasta 20 kHz, una frecuencia mucho más alta que el canto más agudo de la alondra.[6] Pero el ser humano es sordo en comparación con muchos otros mamíferos, como los perros (45 kHz[7]), los lémures de cola anillada (58 kHz[8]), los ratones (70 kHz[9]) y los gatos (85 kHz[10]); y es profundamente sordo como una tapia en comparación con los delfines (160 kHz[11]). La evolución de la cadena de tres huesos del oído medio de los mamíferos les abrió un universo sensorial totalmente nuevo, inaccesible para otros vertebrados.

Era como si hubieran encontrado un pequeño agujero en los tupidos arbustos que rodeaban el denso bosque al que estaban acostumbrados y hubieran descubierto campos abiertos de una amplitud que nunca habían imaginado posible.

¿De dónde proceden el martillo y el yunque?

En la primera evolución de las mandíbulas de los peces que huían de otros habitantes de las profundidades, la articulación de la mandíbula se situó justo debajo del espiráculo, la hendidura branquial que, en los tetrápodos, se convertiría en el tímpano. Fue, entonces, uno de esos caprichos del tiempo y del azar que la articulación de la mandíbula se encontrara cerca del oído en lugar de en cualquier otro sitio.

Sin embargo, la articulación de la mandíbula y el tímpano son algo más que vecinos cercanos. Son íntimos. Esta intimidad iba a ser la clave del éxito final de los mamíferos.

Cuando la mandíbula inferior evolucionó por primera vez, era una varilla de cartílago, una mitad de la primera hendidura branquial que se había doblado para formar las mandíbulas. La mitad que se ubicó arriba se convirtió en la mandíbula superior y la que se ubicó abajo, en la mandíbula inferior. Con el tiempo, este cartílago se convirtió en hueso: aunque, al menos en el embrión, persiste un vestigio —el cartílago de Meckel— como una fina tira de tejido en la superficie interna de la mandíbula inferior, antes de desaparecer.

La mandíbula inferior de un reptil, o de un dinosaurio, es algo complicado. No está formada por un solo hueso, sino por varios, cada uno de los cuales tiene su propia función. El dentario es el hueso que está cerca de la parte delantera y que, como su nombre indica, soporta los dientes. El articular, en cambio, está cerca de la parte posterior y forma la bisagra de la mandíbula —o articulación— con un hueso de la base del cráneo llamado *cuadrado*. Lo mismo ocurría con los ancestros terápsidos de los mamíferos.

A medida que los terápsidos evolucionaron hacia los mamíferos se fueron haciendo cada vez más pequeños, pasaron de animales del tamaño de perros grandes hasta criaturas de la talla de perros pequeños, gatos, comadrejas, ratones, o musarañas aún más pequeñas, y cada vez más peludos, la mandíbula también cambió. El dentario empezó a asumir un papel más importante en el conjunto de la mandíbula. Al igual que el polluelo grande del cuco, que obliga a sus involuntarios hermanastros a salir del nido, el dentario se desplazó hacia atrás, de modo que los demás huesos de la mandíbula fueron absorbidos completamente por este hueso, o se agruparon en un pequeño enclave en la parte posterior, junto al estribo. De hecho, el dentario se desplazó tanto hacia atrás que desarrolló su propia articulación con el cráneo, completamente separada, con un hueso craneal diferente, el escamoso.

Como consecuencia, el cuadrado fue liberado de su tarea de bisagra y articulación. Al estar cerca del estribo, pasó a ser reclutado como hueso del oído y se convirtió en el yunque. El siguiente fue el hueso articular, que se convirtió en el martillo. [12]

En algunos de los precursores de los mamíferos, la articulación maxilar era una incómoda combinación entre el dentario y el escamoso, y entre el cuadrado y el articular. Como el cuadrado y el articular evolucionaron hacia el yunque y el martillo, tenían que hacer dos trabajos completamente distintos. Por una parte, tenían que formar parte de la suspensión de la mandíbula, lo que exige una gran resistencia. Por otra, tenían que conducir el sonido, lo que requiere sensibilidad. Al igual que con el estribo, muchos millones de años antes en los antepasados piscívoros de los tetrápodos, se trataba de un compromiso que no podía mantenerse.

Finalmente, el cuadrado y el articular quedaron flotando libremente en el oído medio, al principio unidos a la mandíbula por un fragmento del cartílago de Meckel que se retraía. Después, incluso el fragmento de cartílago desapareció. Con la evolución del oído medio, los mamíferos desarrollaron una aguda sensibilidad al mundo del sonido que ningún tetrápodo había experimentado.

El oído medio de los mamíferos evolucionó como consecuencia directa de la tendencia a reducir su tamaño [13], y no solo evolucionó una vez, sino al menos tres veces, de forma independiente: en los antepasados de los animales que se convertirían en el ornitorrinco y el equidna de Australasia; en los ancestros de los marsupiales y los mamíferos placentarios, que juntos constituyen más del 99 % de todas las especies de mamíferos vivas hoy en día, y, de nuevo, en los multituberculados, un grupo de mamíferos que se parecían a los roedores y que vivieron desde el Jurásico hasta el Eoceno, cuando se extinguieron.

El largo viaje de los terápsidos hacia los mamíferos comenzó en el Triásico más temprano, con cinodontes como el *Thrinaxodon*. Esta criatura era como un Jack Russell Terrier visto con los ojos semicerrados. Sin embargo, aparte de su cola corta y rechoncha y de su andar desgarbado, era sorprendentemente parecido a un mamífero. Tenía bigotes y pelo.[14] Era un cavador de agujeros y madrigueras.

Las diferencias eran más marcadas en el interior. Incluso en esta etapa temprana, el dentario dominaba la mandíbula inferior, aunque el oído medio seguía estando formado únicamente por el estribo. En los reptiles, los dientes son simples puntas y se sustituyen cada vez que se cae uno. Los pelicosaurios habían mostrado una afición por variar las formas y tamaños de sus dientes, y habían creado toda una cubertería, cada utensilio especializado en una tarea diferente. Esta tendencia continuó con sus descendientes terápsidos.

Uno piensa en los gorgonopsios, con sus caninos sobredimensionados; también en los dicinodontos, su presa, con su eficaz combinación de dientes caninos y pico córneo. Los cinodontes también tenían caninos —su nombre significa "diente de perro"—, pero continuaron la tendencia a la diferenciación en los demás dientes. Los mamíferos tienen cuatro tipos básicos de dientes: los que cortan (incisivos), los que desgarran (caninos), los que trituran (premolares) y, en la parte posterior, los que muelen (molares). El *Thrinaxodon* tenía dientes que cortaban y que desgarraban, pero los dientes situados detrás de los caninos no estaban claramente diferenciados.

En lugar de tener costillas a lo largo de toda la columna vertebral, como los reptiles, las costillas del *Thrinaxodon* se limitaban al tórax, lo que hoy llamaríamos caja torácica. Esta es una característica exclusiva de los mamíferos. Este hecho implica que el *Thrinaxodon* tenía un diafragma, un tejido de músculo que divide internamente el tórax de las vísceras, y que habría permitido una respiración mucho más potente y regular.[15]

Otra adaptación para la respiración era el interior de la nariz. A diferencia de los reptiles —en los que las fosas nasales internas se vacían en el techo de la cavidad bucal, cerca de la parte delantera—, el *Thrinaxodon* había desarrollado una larga cavidad nasal casi totalmente separada de la cavidad bucal, que se unía con ella solo en la parte posterior, de modo que el aire podía pasar limpiamente a la garganta y evitar completamente la masticación entre ambas. Así que el animal podía masticar su comida sin tener que detenerse para respirar. La cavidad nasal ampliada se llenó de un laberinto de huesos que soportaban una gran superficie de membrana mucosa, lo que explica que esta criatura tuviera un agudo sentido del olfato y la capacidad de calentar el aire de la respiración mientras masticaba a algún animal más pequeño que él.

La imagen que surge es la de un animal activo con un metabolismo rápido: paralelo al de los dinosaurios, pero que se logró de forma diferente. En lugar de una red de sacos de aire en todo el cuerpo, el diafragma bombeaba aire hacia dentro y hacia fuera. Al igual que los dinosaurios más pequeños, el *Thrinaxodon* y los cinodontes posteriores conservaban el calor con un abrigo de piel. Como un metabolismo rápido requiere mucho combustible, el acto de comer se hizo más eficiente. En lugar de tragar la comida entera y digerirla tranquilamente —o, como en las aves y los dinosaurios, triturarla con piedras en un buche o molleja—, el *Thrinaxodon* utilizaba una batería de dientes diferentes para cortar y trocear su presa mientras aún estaba en la boca, aprovechando su capacidad para respirar mientras masticaba.

La transformación entre los cinodontes y los primeros mamíferos fue un asunto continuo que implicó varios linajes diferentes y diversos de terápsidos. A finales del Triásico, aparecieron animales que no se distinguían de los mamíferos en ninguno de los aspectos importantes. Y eran diminutos: el *Kuehneotherium* y el *Morganucodon* no eran más grandes que las musarañas actuales, quizás de 10 centímetros de largo como máximo. Tenían el oído medio completamente formado[16] y sus dientes también habían evolucionado, se habían transformado en dientes para cortar y desgarrar, y en molares trituradores. Los molares eran especiales, ya que en lugar de tener todas sus cúspides puntiagudas en línea, como en un diente de tiburón, tendían a estar escalonadas, para crear una superficie de masticación bidimensional, con las diversas cúspides y fosas de los molares inferiores entrelazadas con los de la mandíbula superior. De este modo, el procesamiento de los alimentos era aún más eficaz, un arma más en el arsenal de las pequeñas criaturas que tenían que comer una gran fracción de su propio peso corporal en insectos cada día, simplemente, para mantenerse con vida. Sin embargo, incluso en esa época, cada mamífero tenía su propia especialidad dietética. Mientras que el *Morganucodon* podía comer presas duras y crujientes, como los escarabajos, el *Kuehneotherium* tenía gustos más suaves, como las polillas.[17]

El rápido metabolismo, alimentado por la eficacia de la masticación y la respiración que, por cierto, dio lugar a un mejor sentido del olfato; la tendencia aparentemente inamovible hacia un tamaño corporal cada vez más pequeño que, a su vez, impulsó la evolución de la audición aguda de alta frecuencia, y el hábito de esconderse en madrigueras hablan de la evolución de los mamíferos en un hábitat que había estado cerrado a casi todos los demás vertebrados: la noche.

Pangea, en el Triásico, era un lugar hostil en muchos sentidos. Lejos de las costas azotadas por las tormentas del océano Tetis, gran parte de la tierra era un desierto en el que, de día, el suelo estaba demasiado caliente para tocarlo. El *Kuehneotherium* y el *Morganucodon* vivían en un desierto de este tipo, entre 20 y 30 grados al norte del Ecuador. En este entorno, la mejor estrategia era esconderse en una madriguera muy por debajo de la superficie, fuera del calor del día, y salir a cazar por la noche o muy temprano por la mañana. Para lograrlo, era esencial un metabolismo rápido. Los reptiles que dependían del calor del sol para calentarse eran derrotados por los mamíferos que ya estaban calientes y listos para conseguir los insectos más jugosos. Además, los insectos tienden a ser más tórpidos a esas horas, lo que los convierte en presas más fáciles.

Para los animales que pasan sus días en madrigueras oscuras y emergen solo por la noche para cazar bajo las estrellas, la visión es mucho menos importante que el oído, el tacto y el olfato, sentidos que habían mejorado lentamente en los terápsidos desde los días del *Thrinaxodon*. En los mamíferos, estos sentidos alcanzaron su apogeo. Sobre el suelo y durante el día, el Triásico era un alboroto de reptiles. Pero la noche pertenecía a los mamíferos. Sería su patio de recreo durante los siguientes 150 millones de años.

Todos los dinosaurios que han existido nacieron de un huevo. Lo mismo ocurría con los mamíferos. Era un buen hábito, ya que, como hemos visto, los huevos permiten una producción muy rápida de numerosas crías con muy poca inversión de los padres. El *Kayentatherium,* un terápsido muy parecido a un mamífero que vivió en el Jurásico —y por lo tanto uno de los últimos terápsidos que no era un mamífero con pelaje completo— incubó docenas de crías, cada una de las cuales parecía un adulto en miniatura, listo para abrirse camino en el mundo. [18]

Pero un cambio iba a llegar. Ese cambio estaba en el cerebro. Porque los primeros mamíferos estaban desarrollando cerebros más grandes. Las crías empezaron a parecerse a lo que imaginamos que son los bebés de los animales: relativamente poco desarrollados, con cabezas grandes en relación con el cuerpo, que albergaban florecientes cerebros. El tejido cerebral es muy costoso de fabricar y mantener, y supone un enorme esfuerzo para los animales pequeños que ya corren lo más rápido posible solo para permanecer en el mismo lugar. Así que, en lugar de poner muchos huevos, los mamíferos ponían menos y dedicaban más tiempo a cuidar de cada cría. Las hembras empezaron a segregar una sustancia rica en grasas y proteínas a partir de glándulas sudoríparas modificadas, así se aseguraban de que las crías recibieran una dieta con todos los nutrientes que necesitarían para un rápido crecimiento. A esta sustancia la llamamos *leche*. Histórica y etimológicamente, la presencia de órganos productores de leche o *mamas* es lo que hace que un mamífero sea un mamífero.

La vida de un mamífero era estresante. Cuando aparecieron los dinosaurios, a finales del Triásico, los mamíferos ya habían perfeccionado el arte de ser pequeños y vivir una vida corta, agitada y llena de acción. Pero el esfuerzo energético se habría facilitado si hubieran podido volver a un tamaño parecido al normal, sobre todo en ese momento que tenían grandes cerebros que soportar.

El problema es que, para cuando los mamíferos estaban en condiciones de salir del papel de pequeños insectívoros nocturnos y carroñeros, los dinosaurios habían evolucionado para ocupar todos los nichos ecológicos disponibles. De hecho, para un dinosaurio pequeño, inteligente y activo, los mamíferos eran más que una competencia: eran una presa.

No es que los mamíferos no hicieran varios intentos de zafarse de ello. Los animales que viven rápido también evolucionan rápido. Durante la época de los dinosaurios, evolucionaron al menos veinticinco grupos diferentes de mamíferos.

Eran unos aventureros a los que no se los podía contener. Aunque, durante el reinado de los dinosaurios, los mamíferos nunca fueron muy grandes, algunos evolucionaron hasta alcanzar el tamaño de las zarigüeyas, incluso el de los tejones, y llegaron a ser lo suficientemente grandes como para robar huevos y crías de dinosaurios [19], y quizás causaron que algunos de los dinosaurios más pequeños y emplumados permanecieran en los árboles.

De ser así, habrían compartido el hábitat no con uno, sino con al menos dos tipos de mamíferos completamente distintos que evolucionaron hasta convertirse en algo parecido a una ardilla voladora. [20] Tampoco el agua era segura: el *Castorocauda*, de 800 gramos, tenía una cola aplanada, parecida a la de un castor, una piel peluda y dientes afilados, perfectos para bucear en busca de peces en los estanques del Jurásico. [21] Madagascar, siempre un refugio para lo insólito, albergó criaturas con rasgos similares a los conejos como el *Vintana* y el *Adalatherium*, que, con grandes ojos y un agudo sentido del olfato, habrían estado atentos al menor movimiento de un dinosaurio depredador. [22]

Cuando los dinosaurios se extinguieron, todos, excepto cuatro de estos linajes, efervescentes y vivaces, se habían extinguido. Los supervivientes fueron los monotremas ovíparos, los marsupiales, los mamíferos placentarios y los multituberculados. Cada uno de ellos podía echar raíces en el rico molde de una historia evolutiva que ya era profunda.

Los monotremas son mamíferos que amamantan a sus crías, aunque nazcan de huevos. Este grupo, representado en la actualidad por el ornitorrinco y el equidna de Australasia, es el último y peculiar remanente de un antiquísimo linaje de mamíferos que siguió su camino en el Jurásico y que se encontraba por todos los continentes sureños. [23]

La mayoría de los otros mamíferos —los mamíferos placentarios— abandonaron por completo el hábito de la puesta de huevos y alimentaron en su interior a un número menor de crías. Los embriones de los mamíferos tienen las mismas membranas que el huevo amniótico, pero sin cáscara. En el último acto de devoción desinteresada, la propia madre ha asumido ese papel protector. Al igual que en el caso de los monotremas, el linaje de los mamíferos placentarios se remonta a un largo camino, en este caso a pequeñas criaturas trepadoras de árboles que cazaban insectos en las ramas de los bosques del Jurásico. [24]

Los marsupiales, sin embargo, han desarrollado un hábil compromiso entre la puesta de huevos de los monotremas y la crianza interna de los mamíferos placentarios. Aunque los marsupiales nutren a sus crías internamente, las crías nacen cuando apenas son algo más que un embrión. Una vez en el mundo exterior, la minúscula criatura se arrastra por el bosque de la piel de su madre hasta una bolsa y se adhiere a una teta. Allí, segura y amamantando, se desarrolla hasta el final. Esta estrategia es una adaptación a entornos duros y marginales en los que es difícil encontrar comida. En caso de problemas, una marsupial preñada puede abortar a sus crías y crear otras nuevas más adelante, siempre y cuando las circunstancias lo permitan.

Los marsupiales son tan antiguos como los placentarios en el registro fósil[25] y tienen una larga e ilustre historia. Les ha ido especialmente bien cuando han estado confinados en continentes insulares, donde han asumido una asombrosa variedad de formas. Durante gran parte de la era Cenozoica, Sudamérica era su propio feudo, el que compartían con los extrañísimos (y placentarios) Desdentados —perezosos, osos hormigueros, armadillos y aliados—, pero que estaba gobernado por animales como el *Thylacosmilus*, una versión marsupial de un tigre de dientes de sable, y sus seguidores, los borhyaénidos, que variaban en tamaño y forma, desde la talla de los lobos hasta la de los osos. Cuando América del Sur colisionó con América del Norte, una invasión de mamíferos placentarios procedentes del norte prácticamente los eliminó.

Sin embargo, algunos mamíferos sudamericanos contraatacaron con invasiones encabezadas por los perezosos terrestres gigantes y los armadillos, con una vanguardia de zarigüeyas, que siguen asaltando los cubos de basura estadounidenses hasta el día de hoy. La mayoría de los marsupiales viven hoy en Australia, donde su singular modo de reproducción se adapta al reseco interior de ese continente cada vez más árido.

Así que, cuando los dinosaurios se extinguieron, los mamíferos ya estaban listos, perfeccionados por un millón de años de evolución. Estallaron como el tapón de un champán bien envejecido, agitado de antemano y descorchado de forma inexperta.

Los esperaban los principales depredadores del mundo inmediatamente posterior al apocalipsis. Se trataba de aves, los *Phorusrhacos*. Inmensos parientes no voladores de las grullas y los rálidos, con cráneos del tamaño de la cabeza de un caballo, decapitaban a cualquier mamífero lo suficientemente temerario como para salir de su madriguera. Era como si el *Tiranosaurio Rex* hubiera regresado.

Pero incluso estos horrores desaparecieron en el polvo de las llanuras del Paleoceno y los mamíferos —especialmente los placentarios— se expandieron, en tamaño y forma. Las primeras oleadas, sin embargo, parecían vacilantes e inmaduras, como si estuvieran indecisas en cuanto a su propósito. Animales como los pantodontes y los dinocertes, los arctociónidos y los mesoniquios, todos ellos extinguidos, combinaban rasgos de carnívoro y herbívoro. Los pantodontes y los dinocerados eran herbívoros y fueron de los primeros en alcanzar un gran tamaño. Algunos pantodontes eran tan grandes como los rinocerontes; algunos dinocerados eran grandes como los elefantes. Aunque eran claramente herbívoros, tenían unos temibles caninos. [26] Los arctocíonidos combinaban los dientes caninos de los osos con las pezuñas de los ciervos.

Igualmente ambiguos fueron los mesoniquios. Los gigantescos pájaros del terror (los *Phorusrhacos*) encontraron su correspondencia en el mesoniquio *Andrewsarchus*, un animal aterrador, que llegaba a la altura de los hombros de un hombre, tenía una cabeza tan ancha como es larga la de un oso pardo de Alaska, y podría haber aspirado el cráneo entero de un lobo por una fosa nasal. Y tenía pezuñas en los pies. El *Andrewsarchus* parecía un cerdo muy grande y muy enfadado. [27]

A finales del Cretácico, la Tierra era un lugar cálido y apacible, a pesar del asteroide; y así continuó. Pero, a medida que el Paleoceno avanzaba y se convertía en el Eoceno, la calidez moderada se convirtió en un calor tórrido. Las llanuras y los bosques se convirtieron en selvas. Los mamíferos primitivos y ambiguos de la primera oleada fueron sustituidos gradualmente por otros que tenían objetivos vitales más claros. Los ungulados —los mamíferos con pezuñas— hicieron su primera aparición, pero, en aquella época, el Eoceno, eran pequeños y parecían más bien ardillas que correteaban y se escabullían entre los altísimos árboles, posiblemente, para evitar a depredadores como la *Titanoboa*, una serpiente del tamaño de un autobús.[28]

Algunos de los primeros ungulados de dedos pares escaparon en la dirección más improbable que se pueda imaginar: volvieron al agua y se convirtieron en ballenas. Lo hicieron, además, con entusiasmo y, en términos evolutivos, con mucha prisa.

Los primeros indicios de que serían balénidos —en depredadores, como el *Pakicetus*, parecido a un lobo, y el *Ichthyolestes*, del tamaño de un zorro— se encuentra en las mandíbulas más bien largas y dentadas, una característica de los piscívoros, y en varios pliegues en la anatomía del oído interno que podrían predisponer a pensar en la audición en el agua.[29] Más obviamente acuático era el *Ambulocetus*, parecido a un león marino o a una nutria, con extremidades más cortas (aunque totalmente funcionales).[30]

Pero no pasó mucho tiempo antes de que las ballenas se volvieran totalmente acuáticas en formas como el *Basilosaurus*, de 20 metros de largo, una serpiente marina espiralada, aunque conservaba pequeños vestigios de sus extremidades traseras como recuerdo de sus antepasados terrestres.[31]

Después de eso, no hubo quien las detuviera. Las ballenas sustituyeron a los lagartos marinos gigantes, un nicho que había quedado vacante desde la extinción de los plesiosaurios y los mosasauros a finales del Cretácico. Se convirtieron en mamíferos de gran éxito, figuran entre los más inteligentes de todos los animales, y, además, la ballena azul es el animal más grande que la evolución ha producido. Pero tal vez más notable que su propia transformación fue la velocidad a la que sucedió: de corredor al estilo canino totalmente terrestre a totalmente marino en solo 8 millones de años.[32]

Otra transformación fue quizás aún más sorprendente, en el sentido de que parece haber borrado casi todas las huellas de que alguna vez ocurrió.

La separación de África de Sudamérica durante el Cretácico dejó a África como un continente insular. Permaneció aislada durante unos 40 millones de años. Los primeros mamíferos placentarios insectívoros de África, abandonados a su suerte, se diversificaron hasta tal punto que todos los signos externos de su patrimonio común desaparecieron.[33] Se diversificaron y se convirtieron en magníficos elefantes; en sirenios acuáticos, como el dugongo y el manatí; en el oso hormiguero; en los tenrecs, en el topo dorado, las musarañas elefante y los damanes. Todos son Afrotheria, una evolución paralela a un grupo más septentrional, la Laurasiatheria, que incluye ungulados, ballenas, carnívoros, murciélagos, pangolines y los restantes insectívoros.

En toda clasificación, siempre hay un grupo que queda al margen.

En el caso de los mamíferos, son los Euarcontoglires, un surtido de animales que incluía ratas, ratones, conejos y, al parecer, casi como una ocurrencia tardía, a los primates. Estas pequeñas criaturas que correteaban, con ojos orientados hacia delante, visión en color, cerebros proclives a la curiosidad y manos aptas para la exploración, se asomaron desde los imponentes bosques tropicales del Eoceno a un mundo que cambiaba rápidamente.

Línea de tiempo 4. La edad de los mamíferos

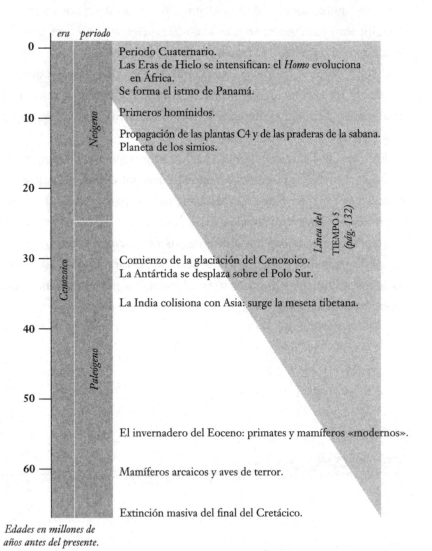

era   periodo

0 —

Periodo Cuaternario.
Las Eras de Hielo se intensifican: el *Homo* evoluciona
en África.
Se forma el istmo de Panamá.

Primeros homínidos.

10 —

Neógeno

Propagación de las plantas C4 y de las praderas de la sabana.
Planeta de los simios.

20 —

Cenozoico

Línea del
TIEMPO 5
(pág. 132)

30 —

Comienzo de la glaciación del Cenozoico.
La Antártida se desplaza sobre el Polo Sur.

La India colisiona con Asia: surge la meseta tibetana.

40 —

Paleógeno

50 —

El invernadero del Eoceno: primates y mamíferos «modernos».

60 —

Mamíferos arcaicos y aves de terror.

Extinción masiva del final del Cretácico.

*Edades en millones de
años antes del presente.*

NUEVE

EL PLANETA DE LOS SIMIOS

La coreografía de la deriva continental es tan implacable como lenta. Hace unos 30 millones de años, el Continente Antártico se separó de Pangea y se desplazó tanto hacia el sur que quedó completamente rodeado por el océano. El efecto de este único acontecimiento sobre el clima de la Tierra fue profundo y duradero. Por primera vez, fue posible que una corriente oceánica se arremolinara sin interrupción alrededor del nuevo continente. Esta corriente impidió que el agua que se calentaba previamente en los trópicos llegara a las entonces suaves costas de la Antártida. El frío se cernía sobre las dentadas y arboladas montañas Transantárticas, una de las cordilleras más formidables del planeta. Así llegó un año en que la nieve caída durante el invierno no se derritió por completo en la primavera siguiente, sino que permaneció en el suelo durante todo el año. Se acumuló más nieve, nieve sobre nieve, siglo tras siglo, la nieve se solidificó implacablemente en un hielo que no se derretía. Los glaciares comenzaron a formarse en los valles altos. A medida que la Antártida seguía avanzando hacia el sur, el Sol se situaba cada vez más bajo en pleno verano y las noches de invierno se hacían más largas. Finalmente, llegó un año en el que, en el invierno, el Sol no salió en absoluto y el continente pasó seis meses en una oscuridad ininterrumpida. Los glaciares crecieron tanto que enterraron y sobrepasaron las cordilleras en cuyos valles se habían formado. Muros de hielo surcaban las tierras bajas, borrando todo a su paso. La costa no era una barrera. El hielo seguía avanzando hacia el océano, formaba plataformas de hielo sobre el mar y desprendía *icebergs* que enfriaban aún más el océano circundante.

En unos pocos millones de años, un continente que había sido exuberante y verde se había convertido en un desierto seco y helado, demasiado duro para todos los tipos de vida, excepto los más primitivos: líquenes, musgos, y solo en los lugares más protegidos y orientados al norte en los bordes de la masa terrestre. Sin embargo, los mares que la rodean estaban repletos de vida.

La historia es similar en el extremo norte, aunque curiosamente a la inversa. Los continentes septentrionales, que seguían avanzando hacia el norte, rodearon el océano Ártico, de modo que muy pocas aguas cálidas podían llegar a él desde el sur. Una capa de hielo permanente comenzó a formarse en el Mar del Norte, como si imitara la capa, mucho más grande, que cubría la tierra en el extremo sur. Después de muchos millones de años sin hielo polar, los casquetes permanentes habían vuelto a la Tierra.

Las consecuencias se hicieron sentir en todo el mundo. Mientras que antes el mundo había sido tolerablemente cálido en casi todas partes, creció un gradiente climático pronunciado entre los polos y los trópicos. Los vientos aumentaron. El clima se volvió más variable, más estacional y más frío.

Supuso el fin del planeta selvático que los primeros primates llamaron hogar.[1]

Las selvas se dividieron en fragmentos aislados de bosque. En los espacios intermedios empezaron a aparecer grandes llanuras revestidas con un nuevo tipo de planta: la hierba.[2] Al crecer desde abajo hacia arriba, en lugar de arriba hacia abajo, la hierba se podía cortar continuamente sin matarla. Este nuevo y extraño don pronto fue aprovechado por los animales que evolucionaron para pastar. Pero el pastoreo es un trabajo más duro que morder las hojas tiernas de los árboles de la selva, lo que los animales habían hecho antes. Los pastos son ricos en sílice, un mineral que, literalmente, enarena los dientes del animal cuando mastica.

Los ungulados habían evolucionado como ramoneadores de los bosques, pero ahora tenían mandíbulas más profundas y dientes con muchas cúspides capaces de cortar esta comida arenosa. A medida que evolucionaban, crecían y, en las llanuras, tronaban los cascos de los caballos y las patas de los gigantescos rinocerontes.

Los descendientes de las pequeñas criaturas parecidas a los hipopótamos que habían ramoneado en los pantanos y humedales de África se trasladaron a la tierra seca y dura, y se convirtieron en elefantes. Más grandes y más poderosos con el paso del tiempo, llegaron a la sabana. A su paso, las manadas atrajeron a los depredadores.

Los primates también se adaptaron. Aunque muchos permanecieron en los bosques cada vez más reducidos en donde vivían una existencia cada vez más marginal, algunos empezaron a complementar la vida en los árboles con episodios en el suelo. Al igual que los ungulados, también aumentaron de tamaño: los monos que correteaban se convirtieron en una versión más desarrollada de simios.

En el Mioceno, el Viejo Mundo se había convertido en el Planeta de los Simios. Los parches de bosque cada vez más delgados y las tierras áridas circundantes resonaban con sus gritos y llamadas. El *Ouranopithecus*[3] se balanceaba en Grecia, mientras que el *Ankarapithecus*[4] lo hacía en Turquía. El *Dryopithecus* patrullaba por Europa central; el *Proconsul*, el *Kenyapithecus* y el *Chororapithecus* exploraban por África, donde un pariente del último evolucionó hasta convertirse en el gorila.[5] El *Lufengpithecus* se encontraba en los bosques de China y el *Sivapithecus* en el sur de Asia, donde sus parientes acabaron retirándose hacia las últimas selvas y, a través del *Khoratpithecus* de Tailandia,[6] se convirtieron en orangutanes.

Algunos de estos simios eran tan grandes que ya no podían correr por las ramas que antes constituían sus carreteras.[7] En su lugar, adoptaron diversas posturas, como colgarse de las ramas con sus largos brazos, o una combinación entre trepar y escalar. Con el tiempo, algunos, como el *Danuvius* de Europa central, llegaron a adoptar una postura más erguida.[8]

No todos estos ensayos tuvieron un éxito total a largo plazo. El *Oreopithecus*, abandonado en una isla del Mediterráneo que un día se convertiría en la Toscana experimentó la marcha erguida.[9] Sin embargo, se extinguió.

Y la Tierra se enfriaba. Los bosques se redujeron aún más, lo que llevó a la mayoría de los simios que quedaban a refugiarse en los bosques profundos de África central y el sudeste asiático.[10] Para el resto, la elección era dura: el destierro final del Edén o la extinción. Los refugiados no se llevaron más que la tendencia a levantarse sobre sus extremidades traseras y caminar.

Hace 7 millones de años, los descendientes del Edén se habían convertido en mejores caminantes que escaladores. El enfriamiento del clima había transformado a los monos en simios; y a los simios en otra cosa. Como tantas otras veces, la inquieta Tierra, que se despertaba de su letargo, sacudió el delgado manto de vida que la cubría y la vida hizo todo lo posible por resistir. Los simios restantes, impulsados por fuerzas más poderosas de las que cualquiera de ellos podría haber imaginado, dieron sus primeros pasos en el largo viaje hacia la humanidad.

Caminar erguido como un hábito y no solo ocasionalmente es la marca más antigua de los homínidos, el linaje humano.[11] Los primeros homínidos surgieron a finales del Mioceno, hace unos 7 millones de años. Uno de ellos fue el *Sahelanthropus tchadensis*,[12] una criatura que se alimentaba en las orillas del lago Chad, en África occidental. La región antaño había sido exuberante; el lago, uno de los más extensos del mundo. Pero la tendencia a la sequedad del clima no había hecho más que aumentar: el lago se había reducido a un minúsculo vestigio de su antiguo ser y la campiña que lo rodeaba se había convertido en un desierto inhóspito y arrasado.[13] El *Sahelanthropus* no estaba solo. En África oriental, hace unos 5 millones de años, vivían otros bípedos como el *Ardipithecus kadabba*[14] de Etiopía y el *Orrorin tugenensis* de Kenia.[15] Para los primates, la adopción de la postura erguida al caminar, como la mayoría de las otras innovaciones de la prehistoria humana, comenzó en África.[16]

Estar de pie y caminar es para nosotros tan fácil, tan natural que lo damos por sentado. Muchos mamíferos pueden mantenerse erguidos durante un corto período e, incluso, caminar. Pero les supone un esfuerzo y rápido vuelven a ponerse en cuatro patas, el estado típico de los mamíferos. [17] Los homínidos son diferentes. Caminar erguidos es su forma predeterminada; la locomoción en cuatro patas, utilizando las manos y los pies para avanzar, es, por el contrario, antinatural y difícil. La adopción de la bipedación por parte de un linaje de simios que vivía en las márgenes de los ríos y en los bosques de África hace 7 millones de años fue uno de los acontecimientos más notables, improbables y desconcertantes de toda la historia de la vida. Para lograrlo, fue necesario una reingeniería completa de todo el cuerpo, de la cabeza a los pies.

En la cabeza, el orificio por el que la médula espinal entra en el cráneo se desplazó de la parte posterior (donde se encuentra en los cuadrúpedos) a la base. Este rasgo —y no muchos más— marcó al *Sahelanthropus* como un homínido. Significaba que tenía la cara dirigida hacia delante en lugar de hacia el cielo cuando caminaba sobre sus extremidades traseras y que el cráneo se equilibraba sobre la columna vertebral en lugar de estar en voladizo desde un extremo.

Los efectos en el resto del cuerpo fueron igualmente profundos. Cuando la columna vertebral evolucionó hace 500 millones de años, era una estructura que se mantenía horizontalmente, en tensión. En los homínidos, se desplazó noventa grados, para sostenerse verticalmente, en compresión. No se ha producido una alteración más radical en los requisitos de la ingeniería de la columna vertebral desde que evolucionó por primera vez y solo se puede considerar como una adaptación defectuosa, como lo prueban los problemas de espalda, que constituyen una de las causas de enfermedad más costosas y más frecuentes en los seres humanos hoy en día. Los dinosaurios tuvieron un gran éxito como bípedos, pero lo hicieron de una manera diferente: sostenían la columna vertebral horizontalmente, utilizando sus largas y rígidas colas como contrapesos. Pero los homínidos, al igual que los simios, no tienen cola y lograron la bipedación por la vía difícil.

Las cosas fueron peores para las hembras embarazadas, que tuvieron que ajustarse a una carga más inestable y cambiante, una circunstancia que ha dejado su huella en la evolución humana. Y no es de extrañar, dado que durante la mayor parte de la historia de la humanidad, las mujeres adultas, de las que depende la continuidad de la especie, pasaron gran parte de su vida embarazadas o amamantando.[18] Y lo que es aún peor: las piernas de los homínidos tienden a ser más largas, en proporción a la altura total, que las de los simios. Las piernas más largas hacen que la locomoción sea más eficiente desde el punto de vista energético, pero hay un coste. El feto se encuentra aún a más altura respecto del suelo de lo que podría estar, lo que eleva el centro de masa general y aumenta la inestabilidad.

Por si fuera poco, un homínido tiene que moverse levantando un pie del suelo, de modo que desplaza bruscamente el centro de masa y debe corregirlo antes de caerse, y tiene que hacerlo con cada paso que da. Esto requiere un grado de control bastante notable, de modo que el cerebro, los nervios y los músculos deben trabajar juntos a la perfección hasta tal punto que no somos conscientes de ello.

Los primeros homínidos parecían insignificantes en comparación con algunos de los animales con los que compartían el mundo. De hecho, eran los aviones cazas de élite del reino animal. Los cuadrúpedos pueden atacar, correr velozmente e incluso girar con rapidez, pero estos actos suelen requerir un par de impulsos de propulsión de una cola larga y oscilante, como la del guepardo cuando caza.[19] En general, los animales con una pata en cada esquina son como los aviones de carga, los que, cuando se apuntan en la dirección correcta, continúan volando establemente. Los seres humanos, sin esas ayudas, son como los aviones de combate, con una maniobrabilidad casi preternatural, a costa de la estabilidad: solo los mejores pilotos consiguen pilotar los aviones más rápidos. Los homínidos caminaban, como los dinosaurios, pero también bailaban, se pavoneaban, giraban y hacían piruetas.

Los logros alcanzados por la bipedación fueron finalmente enormes. Pero lo maravilloso es la manera como empezó. El hecho de que los homínidos sean uno de los pocos mamíferos que tengan el hábito de desplazarse en dos patas[20] —una rareza agravada por la impotencia de cualquier ser humano repentinamente privado del uso de una de sus extremidades traseras— es un testimonio de la improbabilidad de la bipedación como propuesta.[21] Una vez que los homínidos iniciaron el poco frecuentado camino que conducía a la bipedación, la selección natural se encargó de que se volvieran muy buenos, muy rápidamente.

La marcha humana es una de las grandes maravillas infravaloradas del mundo moderno. Hoy en día, los científicos son capaces de descifrar la estructura de las partículas subatómicas, detectar el estruendo y el chirrido de los agujeros negros que se fusionan a millones de años luz de distancia e, incluso, asomarse a los inicios del Universo. Sin embargo, no se ha creado ningún robot que pueda imitar la gracia natural y el atletismo de un ser humano normal al caminar.

La pregunta sigue siendo: ¿por qué? La respuesta fácil es que la bipedación es solo uno de los muchos modos peculiares de locomoción que los simios han probado a lo largo de millones de años, incluido el balanceo con brazos alargados, como en los gibones; trepar utilizando las cuatro extremidades en forma de manos, como hacen los orangutanes, y el singular andar cuadrúpedo con nudillos de los chimpancés y los gorilas. Pero la razón por la que los homínidos probaron la marcha bípeda en lugar de cualquier otro modo de desplazarse de un lugar a otro sigue siendo una cuestión abierta. Ciertamente, la vida en campo abierto no lo requiere. Muchos monos de gran tamaño, como los macacos y los babuinos, viven en campo abierto y permanecen con las cuatro patas firmemente plantadas en el suelo duro y seco.

Las sugerencias de que la bipedación liberó las manos para, por ejemplo, fabricar herramientas o sostener a los bebés, tampoco son válidas, dado que muchos animales se las arreglan para ambas cosas sin el cambio profundo hacia la bipedación en el que estuvieron involucrados los homínidos. En lo que respecta a los primeros homínidos, lo máximo que se puede decir es que podrían haber estado relativamente preadaptados a la bipedación, en virtud de una especie de modo de trepar y escalar los árboles, tras lo cual caminar por el suelo no habría sido un cambio tan grande. Para ellos, caminar podría ser como trepar por las ramas, pero sin las ramas.

En cualquier caso, muchos aún conservaban la capacidad de trepar. Los pies de uno de los primeros, el *Ardipithecus ramidus*, que vivió hace 4,4 millones de años en Etiopía,[22] tenía dedos gordos divergentes que, como los pulgares, sugieren una capacidad de agarre, la marca de una criatura más a gusto en los árboles que caminando cómodamente bajo su sombra.[23] Otra especie, el *Australopithecus anamensis*, que vivió en África oriental entre 4,2 y 3,8 millones de años atrás, era igualmente primitiva en muchos aspectos, pero más segura en el suelo.[24]

El *Australopithecus anamensis* se solapó en el tiempo con otras especies similares. Una de ellas, el *Australopithecus afarensis*, vivió en la misma región entre 4 y 3 millones de años atrás[25] y era un bípedo más experto. Fue uno de los más exitosos de todos estos primeros homínidos, ya que se extendió más allá de África oriental hasta el oeste de Chad.[26] Dondequiera que se desplazara, lo hacía tan erguido como nosotros,[27] aunque seguía siendo un escalador eficiente.[28]

Nada de esto debe dar la impresión de que una serie de especies bípedas cada vez más numerosas se sustituyeron unas a otras de forma ordenada y preestablecida. Los homínidos se dispersaron por las sabanas de África oriental, prefirieron vivir en un entorno mixto de pastizales, matorrales leñosos y bosques sombreados cerca del agua[29], con algunas especies que eran más felices en los árboles que otras. Hace 3,4 millones de años, los homínidos que colgaban de los árboles, similares al *Ardipithecus*, seguían merodeando por los bosques.[30]

Para todos estos primeros homínidos, pues, caminar erguidos formaba parte de una rutina diaria que incluía trepar y, tal vez, anidar en las ramas de los árboles, como hacen los simios en la actualidad. La mezcla se extendía más allá del entorno y la dieta. Algunos homínidos empezaron a incorporar alimentos más duros, como nueces y tubérculos, a la dieta tradicional de los primates, compuesta por frutas, hojas tiernas e insectos. La respuesta evolutiva dio lugar a cambios comparables a los observados en los ungulados de la sabana: pómulos ensanchados para dar cabida a enormes músculos de masticación, mandíbulas profundas y dientes como losas de lápida. Varias especies de este tipo altamente especializadas, agrupadas en el género *Paranthropus*, aparecieron en África entre 2,6 millones y 600.000 años atrás. Estas criaturas de la sabana por excelencia convivían con homínidos más generalizados —varias especies de *Australopithecus* y nuestro propio género, el *Homo*[31]—, algunos de los cuales se habían aficionado a una comida más suculenta.

Hace unos 3,5 millones de años, algunos de estos primeros homínidos desarrollaron el gusto por la carne, generalmente carroñera, procedente de las matanzas realizadas por otros animales. Ningún homínido primitivo tenía los dientes o las garras de un león o un leopardo, pero empezaron a picar piedras, a fabricar herramientas afiladas y a desarrollar el arte de la carnicería.[32]

Las primeras herramientas no eran más que piedras astilladas.[33] Pero su impacto en la vida humana iba a ser profundo. La aguda visión binocular de los primates, heredada de sus antepasados arborícolas del Eoceno, combinada con una piedra lanzada con las manos liberadas de la locomoción de rutina, podía descerebrar a un león carroñero o dispersar a los buitres de un cadáver. Incluso antes de que se desarrollara la cocina, el uso de estas mismas herramientas sencillas de piedra para cortar la carne y machacar la materia vegetal aumentaba significativamente los nutrientes disponibles para las criaturas,[34] que tenían que utilizar un sinfín de ingenios para mantener a raya la amenaza perpetua de la inanición. La carne y el tuétano liberado de los huesos largos destrozados por la piedra están repletos de proteínas y grasas vitales, y podían ser digeridos más fácilmente que las raíces fibrosas y los frutos secos, que exigían una masticación incesante. Los homínidos que comían carne y grasa desarrollaron dientes y músculos masticadores más pequeños. La energía que ahorraron se destinó a desarrollar cerebros más grandes; el tiempo, a hacer otras cosas además de recoger la comida y masticarla.

El hambre, sin embargo, nunca estuvo lejos. A algunos de estos homínidos se les ocurrió en sus momentos de ocio que la carne podría ser más suculenta si se capturaba fresca, en lugar de tener que depender de los restos ya muy masticados por otros animales. Aprendieron a fabricar mejores herramientas de piedra.

Sobre todo, dieron un paso que sería tan revolucionario como lo había sido el mantenerse erguido para sus ya lejanos antepasados del bosque: aprendieron a correr.

Línea de tiempo 5. La aparición de los humanos

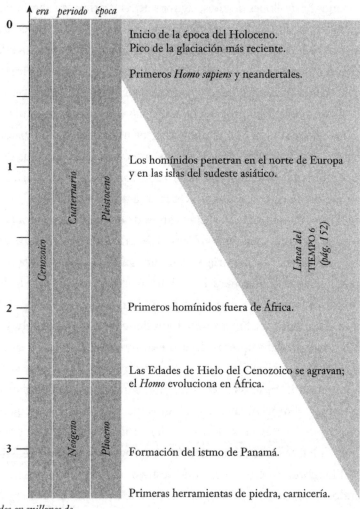

era   periodo   época

0 —

Inicio de la época del Holoceno.
Pico de la glaciación más reciente.

Primeros *Homo sapiens* y neandertales.

1 —

Los homínidos penetran en el norte de Europa
y en las islas del sudeste asiático.

Cenozoico   *Cuaternario*   *Pleistoceno*

Línea del
TIEMPO 6
(pág. 152)

2 —

Primeros homínidos fuera de África.

Las Edades de Hielo del Cenozoico se agravan;
el *Homo* evoluciona en África.

Neógeno   *Plioceno*

3 —

Formación del istmo de Panamá.

Primeras herramientas de piedra, carnicería.

*Edades en millones de
años antes del presente.*

DIEZ

POR TODO EL MUNDO

Después de más de 50 millones de años, el largo y lento declive del clima de la Tierra estaba a punto de alcanzar su punto más bajo.

Todo estaba en su sitio.

En el extremo sur, una corriente circumpolar había encerrado a la Antártida en el hielo. En el extremo norte, los continentes convergentes habían encerrado el océano Ártico en su propia especie de infierno helado. Pero aún faltaba más.

El golpe vino del espacio. No como un impacto repentino, como el que puso fin al reino de los dinosaurios, sino como una serie de cambios casi imperceptibles en la forma en que la Tierra orbita el Sol. Esos cambios siempre habían estado ahí, en el fondo, pero sus efectos sobre los habitantes del planeta habían sido casi siempre demasiado pequeños para que importaran. Todo eso estaba a punto de cambiar.

La órbita de la Tierra alrededor del Sol no es perfectamente circular, sino ligeramente elíptica. Si fuera circular, la Tierra permanecería siempre a la misma distancia respecto del Sol. Pero, como la órbita es elíptica, la distancia de la Tierra respecto del Sol varía a lo largo del año: a veces la Tierra está más cerca del Sol; a veces, más lejos. Esta desviación de la circunferencia perfecta se conoce como *excentricidad* y está causada por la interacción gravitatoria de la Tierra con los demás planetas en sus desplazamientos alrededor del Sol.

En su aproximación máxima, la Tierra está a 147 millones de kilómetros del Sol. A su distancia máxima, a 152 millones de kilómetros. Esto no tiene mucha importancia desde un punto de vista general. Sin embargo, a veces, la órbita de la Tierra se vuelve más excéntrica, estirada, de modo que nuestro planeta se acercará hasta 129 millones de kilómetros del Sol, y se alejará hasta 187 millones. Es como si la órbita de la Tierra «respirara» lentamente. Cada respiración completa dura 100.000 años. Cuanto más se estire la órbita, más extremo será el clima, ya que la Tierra se acercará mucho más del Sol de lo que podría hacerlo en otras circunstancias; y se aventurará más lejos, en la larga oscuridad del espacio profundo.

Al mismo tiempo, la inclinación del eje de la Tierra se bambolea con respecto de su plano de traslación alrededor del Sol.

Los cambios estacionales y la división de la Tierra en franjas climáticas son consecuencia de la inclinación axial de la Tierra. Durante el verano boreal, el Polo Norte está inclinado hacia el Sol, con un ángulo de 23,5 grados respecto a la vertical. Esto significa que cualquier lugar al norte de la latitud 66,5 grados[1], es decir, el Círculo Polar Ártico, está continuamente bañado por el sol. Del mismo modo, en el invierno boreal, cuando la inclinación del hemisferio norte se aleja del Sol, el Ártico languidece en la oscuridad total. En el hemisferio sur, y en el Círculo Polar Antártico, a 66,5 grados al sur, ocurre lo contrario. Los trópicos de Cáncer y Capricornio, a 23,5 grados de latitud norte y sur, respectivamente, marcan los puntos al norte y al sur más lejanos del Ecuador en los que el Sol incide en forma vertical al mediodía.

El valor actual de 23,5 grados es una especie de término medio. La inclinación axial puede variar entre 21,8 y 24,4 grados en un periodo de unos 41.000 años. El grado de inclinación afecta a la estacionalidad. Cuando la inclinación es mayor, los veranos serán en término medio ligeramente más calurosos; los inviernos, más fríos; se ampliarán los dominios del Ártico y del Antártico y, en los Trópicos, el Sol incidirá en forma vertical en pleno verano a una latitud más alta. En otras palabras, el clima de la Tierra se vuelve ligeramente más extremo. Cuando la inclinación del eje es inferior a 23,5 grados, el clima es generalmente más benigno.

Un tercer ciclo es el de precesión, en el que el propio eje polar de la Tierra gira, aunque mucho más lentamente que durante el ciclo de rotación diario, de forma parecida a como gira el eje de una peonza. Este ciclo tarda unos 26.000 años en completarse. Puede apreciarse, para los que tengan la suficiente paciencia, mediante un lento movimiento del polo que describe un círculo alrededor del cielo. Actualmente, el Polo Norte parece apuntar, más o menos, a la estrella Polaris, la «estrella polar», en la constelación de la Osa Menor. Sin embargo, debido a la precesión, con el tiempo, Polaris será reemplazada por Vega en la constelación de Lyra, otra estrella norteña prominente.[2] Esto será claramente visible para cualquiera que se conforme con esperar 13.000 años.

Como consecuencia de estos tres ciclos, cada uno de los cuales complementa a los otros, la cantidad de luz solar que recibe un determinado punto del planeta cambia de forma periódica. El resultado final es que la Tierra pasa por una ola de frío cada 100.000 años aproximadamente.[3]

La órbita de la Tierra ha respirado, se ha tambaleado y se ha inclinado de forma muy parecida durante millones y millones de años, y el efecto global ha sido muy pequeño. O lo era, hasta hace unos dos millones y medio de años. Hasta entonces, los hechos sobre el terreno —cuestiones como la coalescencia y la ruptura de los continentes, con la consiguiente alteración de la química de los océanos y de la atmósfera— habían tenido una importancia mucho mayor para los seres vivos. Sin embargo, hace dos millones y medio de años, el impacto del mecanismo de relojería cósmica se amplificó, en lugar de disiparse, a causa de la configuración del terreno.

Con el hielo ya en los polos, las condiciones eran las adecuadas. El mecanismo de relojería cósmica y la deriva continental actuaron conjuntamente, lo que provocó en todo el planeta una serie de edades de hielo. Comenzaron con suavidad, pero, en general, se intensificaron, y continúan hasta nuestros días. Cada episodio glaciar dura unos 100.000 años, con una pausa de entre 10.000 y 20.000 años aproximadamente, en la que el clima puede volverse, brevemente, muy cálido e, incluso, tropical aun en latitudes altas.

La etapa más fría de la ola de frío más reciente tuvo lugar hace 26.000 años. Gran parte del noreste de América del Norte quedó sepultada bajo lo que se conoce como la capa de hielo de Laurentino; y el oeste de América del Norte, bajo la capa de hielo de la cordillera. La mayor parte del noroeste de Europa languideció bajo la capa de hielo escandinava. Las cadenas montañosas desde los Alpes hasta los Andes gemían bajo los glaciares. Gran parte del resto del hemisferio norte sin glaciares era una mezcla de estepa seca y tundra, sin árboles y barrida por el viento.

Toda el agua contenida en el hielo tuvo que venir de algún sitio: el nivel medio del mar era 120 metros más bajo que el actual. En la actualidad, llevamos 10.000 años de calentamiento y el nivel medio del mar es bastante más alto, en término medio, de lo que ha sido durante unos dos millones de años.

Los cambios climáticos impuestos por las épocas glaciares fueron a menudo muy rápidos y, como mínimo, perturbadores. Los mayores contrastes se observan en Gran Bretaña, que se encuentra en el extremo occidental de la masa terrestre de Eurasia, por lo que es muy sensible a los cambios del océano y a los vientos predominantes del oeste. Hace medio millón de años, Gran Bretaña estaba enterrada bajo una capa de hielo de 1,5 km de espesor. En cambio, hace 125.000 años, el clima era tan cálido que los leones cazaban ciervos en las orillas del Támesis y los hipopótamos se revolcaban hasta el norte del río Tees. Hace 45.000 años, Gran Bretaña era una estepa sin árboles donde los renos vagaban en invierno y los bisontes en verano. [4] Hace 26.000 años, hacía demasiado frío incluso para los renos. [5]

Estos cambios climáticos tan abruptos han sido modulados además por las corrientes oceánicas e, incluso, por la propia presencia del hielo.

La razón principal por la que Gran Bretaña tiene un clima templado hoy en día, sobre todo teniendo en cuenta su latitud relativamente septentrional, es que está bañada por una corriente marina cálida que se abre paso hacia el noreste desde las Bermudas, aproximadamente. Cuando esta corriente llega a la región de Groenlandia, se encuentra con el agua polar del norte, se enfría, despide el aire caliente a la atmósfera y, como el agua fría es más densa que la caliente, se hunde hacia el fondo y se desplaza hacia el sur, y forma parte de un sistema mundial de corrientes marinas profundas.

El clima de Gran Bretaña es muy sensible a la latitud a la que la corriente del norte se enfría y se hunde. Si esta corriente corriera mucho más al sur de lo que lo hace ahora, el clima de Gran Bretaña sería mucho más frío. Durante las épocas más frías de la era glacial, la corriente no llegaba mucho más al norte que España. En consecuencia, el clima de Gran Bretaña se parecía más al del norte de la península del Labrador que al actual.

El sistema de corrientes marinas profundas no solo está impulsado por el calor, sino también por la salinidad. Cuanto más salada es el agua de la corriente cálida con dirección noreste en el Atlántico Norte, más densa es y más rápidamente se hunde en el fondo cuando llega a Groenlandia. Un efecto secundario de este hecho es que el hielo, que flota, tiende a ser menos salado que el mar en general.[6]

El problema surgió hacia el final del último episodio glacial, cuando una tendencia general al calentamiento provocó el desprendimiento de *icebergs* de la capa de hielo Laurentino hacia el Atlántico Norte. El repentino vertido en el mar de enormes cantidades de agua dulce y fría hizo que el mar fuera menos salado, por lo que el movimiento del agua hacia los océanos profundos se debilitó.[7] El resultado fue una serie de breves olas de frío dentro de la tendencia general al calentamiento.

El hielo es muy brillante y refleja la luz solar. Cuanto más hielo hay, más luz solar se refleja en el espacio, menos se calienta el suelo, por lo tanto, hay más hielo sin fundir, que, a su vez, refleja más luz solar; y así, sucesivamente, en un bucle de retroalimentación positiva.

Todos estos factores hacen que los efectos de la majestuosa relojería cósmica sean menos predecibles de lo que se podría imaginar y el cambio climático puede ser muy repentino. Al final de la última glaciación, hace unos 10.000 años, el clima de Europa pasó de ser subártico a templado en el espacio de una vida humana.

Los cambios drásticos en el clima fueron más graves en los márgenes continentales y hacia los polos, pero sus efectos también se sintieron en los trópicos, donde las diversas especies de homínidos vivían, aunque de forma precaria, en las sabanas y los márgenes de los bosques de África. La idea misma de las capas de hielo aún no había perturbado sus sueños más oscuros. Su problema inmediato era que el clima, ya seco, se volvía aún más árido.

Y todo ocurrió, de forma bastante repentina hace unos dos millones y medio de años. [8]

El bosque se marchitó.

Las presas se volvieron menos numerosas, más asustadizas, más difíciles de localizar y matar.

Ya no era posible que los homínidos vivieran una especie de existencia diletante, excavando en busca de raíces por aquí, rebuscando entre los cadáveres por allá. Las distintas especies de *Paranthropus* siguieron cavando con tenacidad, triturando nueces hasta hacerlas astillas y tubérculos hasta hacerlos papilla con sus poderosas mandíbulas, pero la vida para ellos se hizo más difícil. Llegó el momento en que los grupos itinerantes de *Paranthropus* se volvieron escasos y, en algún momento de hace medio millón de años, cuando el norte de Europa y América del Norte gemían bajo el mayor peso del hielo, desaparecieron de la sabana.

Pero, en ese momento, apareció un nuevo homínido muy diferente de todos los que habían existido antes. Era más alto que cualquier otro homínido. Era más inteligente. Tomó la postura bípeda que los homínidos habían adoptado millones de años antes y la perfeccionó. Mientras que el *Paranthropus* se había convertido en un vegetariano especializado, y otros homínidos en recolectores y carroñeros oportunistas, este nuevo grupo había evolucionado para ser un depredador de la sabana.

Nuestro nombre para esta criatura es *Homo erectus*.

En comparación con los homínidos anteriores, el *Homo erectus* estaba construido sobre un chasis totalmente diferente. Como su nombre lo indica, era mucho más alto, más erguido. Sus caderas eran más estrechas y sus piernas eran proporcionalmente más largas, lo que hacía más eficiente la marcha. Sus brazos eran proporcionalmente más cortos: trepar era mucho menos importante en su rutina diaria. Aunque los homínidos llevaban 6 millones de años siendo bípedos, siempre habían conservado cierta habilidad en los árboles. El *Homo erectus* fue el primer homínido que se comprometió con la vida bípeda por completo.

Este compromiso trajo consigo una serie de otros cambios. El *Homo erectus* consumía mucha más carne en su dieta. Como hemos visto, la carne es más digerible que la materia vegetal y proporciona más nutrientes y calorías. El *Homo erectus* tenía un intestino más pequeño y podía permitirse tener un cerebro más grande. Esto último es importante, ya que el funcionamiento del cerebro es costoso. El cerebro representa una quincuagésima parte de la masa corporal, pero consume una sexta parte de toda la energía disponible.

Como tenía la barriga más pequeña, la cintura del *Homo erectus* era más definida que la de sus antepasados, algo achaparrados y barrigones. Sus caderas eran más altas y estrechas, lo que permitía que el torso se torciera con facilidad en relación con las piernas. Al mismo tiempo, la ubicación de cabeza estaba más alta; y el cuello, mucho más definido. Todos estos cambios fueron la causa de que el *Homo erectus* pudiera hacer algo nuevo: podía correr, moviendo los brazos en sentido contrario a las zancadas de las piernas, mientras mantenía los ojos y la cabeza dirigidos hacia delante, hacia su objetivo.

Correr se convirtió en algo muy importante. Aunque el Homo *erectus* no era un buen velocista en comparación con un guepardo o un impala, por ejemplo, sobresalía en la carrera de resistencia. Al ser muy paciente, el *Homo erectus* podía perseguir a grandes animales kilómetro tras kilómetro, hora tras hora, hasta que la presa se desplomaba literalmente agotada por el calor.[9]

Los cazadores sentían el calor mucho menos que sus presas. Esto se debía en parte a que el *Homo erectus* era mucho menos peludo que la mayoría de los demás mamíferos. Es decir, tenía la misma cantidad de pelo, pero el vello era fino y muy corto. Entre los espacios de cada pelo, tenía una gran cantidad de glándulas sudoríparas, que desprendían agua y le enfriaban el cuerpo por evaporación, algo de lo que los animales más peludos no podían beneficiarse.

A pesar de estas impresionantes hazañas, se necesitaba más de un cazador sin pelo para someter a un antílope, incluso uno a punto de morir. Más que en cualquier otro momento de la historia de los homínidos, era importante que los cazadores trabajaran juntos, en grupo.

Sin embargo, la cohesión grupal, que fue vital para la matanza, se creó en el hogar.

El *Homo erectus*, al igual que muchos depredadores de campo abierto, como los perros de caza, era un animal social. Era aficionado a actividades como la exhibición sexual, la violencia extrema y la cocina.

En algún momento de su evolución, varias tribus de *Homo erectus* aprendieron a utilizar el fuego. Descubrieron en la cocina una sabrosa experiencia social. En aquella época no eran conscientes de que la cocción de los alimentos liberaba más nutrientes y eliminaba los parásitos o enfermedades que pudieran contener los alimentos crudos. Las tribus[10] que utilizaban el fuego tenían vidas más largas y saludables, y producían más descendencia que las que no lo hacían. Con el tiempo, las tribus que no utilizaban el fuego se extinguieron.

La existencia de tribus significa que el *Homo erectus* era, hasta cierto punto, territorial. Los primates, más que cualquier otro mamífero, son propensos a la violencia y a la agresión, incluso al asesinato.[11] Los homínidos son los más asesinos de todos. Pero los homínidos son tan amantes como luchadores y este hecho forma parte de un síndrome que comprende la estructura social, la exhibición sexual y social, y la relativa falta de pelo de los cazadores de clima cálido.

La ausencia de pelo permite mucho más que perder calor. Junto con una postura bípeda, también expone las partes más sensibles del ser humano a la vista de todos. La exhibición sexual en público puede explicar el hecho, por otra parte desconcertante, de que los machos humanos tengan penes mucho más grandes, en relación con su masa corporal, que otros simios.

La exhibición sexual —y la necesidad de cohesión del grupo— también puede explicar por qué los pechos de las hembras humanas son prominentes en todo momento, no solo durante la lactancia. En otros mamíferos, los pezones se reducen prácticamente a nada cuando la hembra no está amamantando.

Del mismo modo, los genitales de las hembras humanas tienen el mismo aspecto independientemente de si están ovulando o no. En otros primates, los genitales externos de la hembra suelen estar muy hinchados durante el celo, lo que hace que su estado reproductivo sea absolutamente claro para cualquier miembro del grupo. En los humanos, el estado reproductivo de una hembra se oculta hasta tal punto que a menudo es un secreto hasta para la propia hembra.

En los humanos no existe la «época de apareamiento», durante la cual, en otros mamíferos, los machos y las hembras mantienen relaciones sexuales a la vista de todos. Esto es, en parte, una forma de demostrar y reforzar la posición social. Los humanos, en cambio, pueden ser fértiles (o no) en cualquier momento del año y prefieren tener relaciones sexuales cuando los demás miembros del grupo no están mirando.

Aunque los humanos son muy sociales y sociables, tienden a formar vínculos de pareja estables para la crianza de la descendencia. Aunque los sistemas de apareamiento varían enormemente entre los humanos, la regla general es que un macho y una hembra forman un vínculo que dura la cantidad de años, muchos, que se necesitan para criar a los hijos.

Esto se refleja en el grado relativamente limitado de diferencias físicas entre machos y hembras, lo que se conoce como *dimorfismo sexual*. En las especies animales en las que los machos tienden a acaparar un gran grupo de hembras, los machos tienen mayor tamaño que ellas. Esto es cierto hoy en día en el gorila, un simio que vive en pequeños grupos en los que un harén de pequeñas hembras está dominado por un solo macho grande. [12] Los machos humanos tienden a ser, por término medio, más grandes que las hembras, pero esta diferencia es relativamente pequeña. En los humanos, el dimorfismo sexual tiene que ver mucho menos con la masa corporal que con la distribución del vello y de la grasa subcutánea.

Si los seres humanos forman vínculos de pareja estables, ¿por qué los machos humanos tienen penes tan grandes y por qué los pechos de las mujeres son siempre prominentes, como si los individuos de ambos sexos estuvieran siempre anunciando su disponibilidad? A la inversa, ¿por qué los genitales femeninos son siempre modestos, independientemente del estado reproductivo? ¿Por qué el celo está siempre oculto y el sexo se practica en privado? Si los vínculos de pareja fueran totalmente estables, nada de esto debería importar.

La respuesta es que, aunque las parejas son la mejor opción para la crianza inmediata de la descendencia, los seres humanos se entregan al adulterio mucho más de lo que generalmente se aprecia. Se dice que se necesita un pueblo para criar a un niño, lo que es especialmente cierto en el caso de los niños homínidos, que nacen en un estado de relativa indefensión y subdesarrollo.

La cooperación entre las familias se verá favorecida si nadie puede estar completamente seguro de la paternidad de un niño en particular. Esta cooperación se trasladará a la camaradería de los machos en cualquier partida de caza. Al no estar seguros de qué hijo pertenece a qué padre, los machos cazan no solo para su unidad familiar inmediata, sino para toda la tribu.

En muchos aspectos, las costumbres sociales y sexuales de los humanos tienen más en común con las de las aves que con las de otros primates. Muchas aves son sociales, territoriales, se entregan a la exhibición sexual y viven en grupos familiares en los que las crías mayores ayudan a los padres a criar a sus hermanos menores antes de abandonar el hogar y buscar territorios para sí mismos. Muchas especies de aves forman parejas estables en público, pero las hembras no dejan de aparearse, en secreto, con otros machos cuando su pareja nominal está de caza. Esto significa que un macho nunca puede estar seguro de que las crías que está ayudando a criar sean suyas y de cuáles han sido engendradas por otro. [13]

Ante una situación así, los machos tienden a cubrirse las espaldas. En las sociedades humanas, la mejor estrategia es cooperar con otros machos. A pesar de la apariencia de unión entre los miembros de la pareja, el adulterio, a fin de cuentas, contribuye a la unión de los machos y mantiene a las sociedades unidas.

El *Homo erectus* era muy parecido a nosotros. Pero las similitudes pueden ser engañosas. Si miráramos a los ojos al *Homo erectus*, no veríamos la conmoción del reconocimiento, sino la astucia de un depredador, como la de una hiena o de un león. [14] El *Homo erectus* era desconcertantemente inhumano.

La mayoría de los mamíferos nacen, crecen rápidamente, se reproducen lo antes posible y, en cuanto se agota su capacidad de reproducción, mueren. Lo mismo ocurría con el *Homo erectus*. Sus crías crecían rápidamente desde la infancia hasta la madurez, sin el largo período de infancia que caracteriza a los seres humanos. [15] Cuando morían, sus cuerpos eran ignorados, abandonados como si fueran carroña. El *Homo erectus* carecía de cualquier concepto de la vida después de la muerte. No tenía visiones del paraíso. No temía al infierno. Y, lo que es más importante, estas criaturas no tenían abuelas que les contaran historias y actuaran como reservas de la tradición.

Y, sin embargo, el *Homo erectus* fue el autor de los artefactos más bellos: esas hermosas piedras en forma de gota trabajadas con expertícia, conocidas popularmente como hachas de mano, producto característico del achelense y su cultura lítica. [16]

El hacha de mano es tan característica porque tiene más o menos el mismo diseño dondequiera que se encuentre, independientemente de su antigüedad o del material con el que esté hecha. Su asociación con una especie concreta, el *Homo erectus*, sugiere que las hachas de mano, a pesar de su innegable belleza, se fabricaron siguiendo un diseño estereotípico. Estas hachas fueron creadas tan irreflexivamente como los pájaros hacen sus nidos. Si, al crear un hacha de mano, el fabricante se equivocaba en la secuencia de golpes necesarios para tallar una piedra en bruto, no intentaría arreglarla o darle otro uso; simplemente, descartaría el error y volverían a empezar desde el principio con una nueva.

Esta escalofriante inhumanidad, para nosotros, se ve subrayada por el hecho de que ningún ser humano actual ha averiguado del todo para qué servían las hachas de mano. Aunque muchas tienen el tamaño adecuado para caber cómodamente en la mano, de modo que podrían usarse como hachas, algunas son demasiado grandes para ese uso. En cualquier caso, ¿para qué molestarse? Es muy fácil afilar una piedra y que esté lo suficientemente afilada como para, por ejemplo, desollar un cadáver o separar la carne de los huesos. ¿Por qué, entonces, tomarse la molestia de fabricar algo tan complejo y bello como un hacha de mano para ese fin? Si uno va a lanzar piedras —o incluso a utilizar una honda— para abatir una presa o un enemigo, ¿por qué tomarse la molestia de crear un hacha de mano, si simplemente se va a arrojar?

Tendemos a pensar que los objetos tecnológicos tienen una finalidad que debería ser evidente en su diseño. «Para ver una cosa hay que comprenderla», escribió Jorge Luis Borges en su cuento de terror *There Are More Things*:

> «El sillón presupone el cuerpo humano, sus articulaciones y partes; las tijeras, el acto de cortar. ¿Qué decir de una lámpara o de un vehículo? El salvaje no puede percibir la biblia del misionero; el pasajero no ve el mismo cordaje que los hombres de a bordo. Si viéramos realmente el universo, tal vez lo entenderíamos.» [17]

Nuestra presunción proviene de nuestra tendencia a atribuir a la elaborada construcción de objetos externos una especie de dirección o propósito consciente que es claro y exclusivamente humano. Un vistazo a un panal de abejas, a un termitero o a un nido de pájaros mostrará al instante que esta ecuación es falsa.

Por otra parte, el *Homo erectus* hizo, en ocasiones, lo que a nosotros nos parecen algunas cosas muy humanas, como rayar marcas en conchas marinas.[18] Nadie sabe con qué propósito. También es posible que el *Homo erectus* dominara el arte de la navegación o de las canoas en mar abierto, un impulso tan humano como puede imaginarse. Como hemos visto, el *Homo erectus* fue el primer homínido que aprendió a domesticar y utilizar el fuego.

Independientemente de lo que fuera, hiciera o pensara, *el Homo erectus* constituyó una de las respuestas de la evolución al repentino cambio climático de hace unos dos millones y medio de años. En lugar de retirarse a los menguantes bosques —como hicieron los demás simios, para vivir en una especie de parque temático como recuerdo de un pasado desaparecido[19]—, o de intentar llevar una existencia cada vez más precaria en la dura sabana —como trató de hacer el *Paranthropus*, que, finalmente, fracasó—, el *Homo erectus* comenzó a desplazarse más ampliamente que otros homínidos, solo para subsistir a duras penas en la implacable Tierra.

Finalmente, el *Homo erectus* fue el primer homínido en salir de África.

Hace dos millones de años, el *Homo erectus* se había extendido por todo el continente.[20] Pero no consiguió que la hierba de la sabana creciera bajo sus pies. Como consecuencia del cambio climático, los bosques se habían reducido hasta tal punto que la sabana se extendía ininterrumpidamente por África, Oriente Medio, y el centro y el este de Asia. Las interminables praderas estaban repletas de presas y el *Homo erectus* las seguía dondequiera que lo llevaran.

El *Homo erectus* ya perseguía rebaños hasta China hace 1,7 millones de años, y quizá incluso antes.[21] Hace tres cuartos de millón de años, el *Homo erectus* utilizaba regularmente las cuevas de Zhoukoudian, actualmente en los suburbios de Pekín.[22]

Y, a medida que el *Homo erectus* se extendía, evolucionaba.

El *Homo erectus* fue el versátil progenitor[23] de una enorme variedad de especies descendientes, comparables con los gigantes, con los hobbits, con los trogloditas, con los yetis y, en última instancia, con nosotros. La tendencia a la variedad comenzó pronto. Una tribu de *Homo erectus* que vivía en Georgia, en las montañas del Cáucaso, hace unos 1,7 millones de años tenía una composición tan variopinta que es difícil, desde nuestra perspectiva moderna, imaginar que todos pertenecían a la misma especie.[24]

Hace 1,5 millones de años, las tribus de *Homo erectus* habían penetrado en las islas del sudeste asiático. Solo tuvieron que caminar. El nivel del mar era tan bajo que la mayor parte de la región era tierra firme. Las numerosas islas que vemos hoy en día son los fragmentos semiahogados de una región que antaño tenía una extensión mucho mayor. Los *Homo erectus* vivieron en Java hasta hace al menos 100.000 años[25], los últimos que se aferraron a la tierra, mientras el nivel del mar subía y la selva volvía a extenderse a su alrededor.

Puede que, incluso, hayan sobrevivido lo suficiente como para presenciar la llegada a la región de sus descendientes, los humanos modernos.[26] Si se encontraron, el encuentro no habrá sido bueno para los que los humanos modernos considerarían simios de los bosques, grandes pero reservados, unos de los varios nativos de la región, como el orangután y su enorme primo el *Gigantopithecus*.

Una vez en las islas del sudeste asiático, la evolución del *Homo erectus* dio algunos giros sorprendentes. Confinadas en islas cuando subió el nivel del mar, varias tribus separadas de la tierra firme evolucionaron cada una a su manera.

Una de ellas llegó a Luzón, en Filipinas, donde cazaba al rinoceronte autóctono[27] más o menos al mismo tiempo que sus primos continentales prendían fuego en el este de China. Abandonados a su suerte, estos pueblos evolucionaron hacia el *Homo luzonensis*, una especie de tamaño diminuto.[28] Además de pequeños, eran, en muchos aspectos, primitivos.

Con el regreso de la selva, estos homínidos volvieron a vivir en los árboles. Sobrevivieron hasta hace al menos 50.000 años. Cuando llegaron los primeros humanos modernos, estos atípicos descendientes de un cazador de la sabana africana debieron haber mirado desde las ramas a los nuevos invasores, con incomprensión y horror.

Igual destino le esperaba a otro grupo de *Homo erectus* que llegó a Flores, una isla muy al este de Java.

Llegaron hace más de un millón de años. Esto es en sí mismo sorprendente, ya que no pudieron simplemente llegar a pie, como hicieron sus antepasados a otras islas más cercanas al continente. Incluso cuando el nivel del mar estaba en su punto más bajo, Flores estaba separada del resto del mundo por canales profundos. Es posible que llegaran allí por accidente, tal vez arrastrados por las alas de la tormenta, arrojados a la orilla por un tsunami provocado por un terremoto o una erupción volcánica, y que la vegetación u otros desechos cumplieran la función de balsa. Después de todo, esta parte del mundo no es ajena a los acontecimientos extremos y tales accidentes explican la existencia, incluso en las islas más remotas, de plantas y animales.

O bien llegaron a Flores en algún tipo de embarcación, a pesar de que esa embarcación estuviera destinada a pescar cerca de la costa de otra isla, pudo haber desviado el rumbo. Sea como sea, cuando llegaron a Flores, también redujeron su tamaño con el tiempo [29] y se convirtieron en lo que conocemos como *Homo floresiensis*. Cuando se extinguieron, hace unos 50.000 años, más o menos al mismo tiempo que sus primos lejanos de Filipinas, [30] no medían más de un metro de altura, pero fabricaban herramientas tan bien como sus antepasados lo habían hecho, aunque a menor escala, adaptadas a manos más pequeñas.

Esta miniaturización no es inusual; a las especies que quedan aisladas en islas, les ocurren cosas extrañas. Los animales más pequeños evolucionan para ser más grandes y los grandes evolucionan para ser más pequeños.

Los lagartos monitores de Flores, primos del dragón de Komodo, evolucionaron hasta un tamaño que habría sido realmente aterrador para un humano moderno, por no hablar de una persona de un metro de altura, por muy intrépida que fuera. Algunas ratas evolucionaron hasta alcanzar el tamaño de un terrier. [31]

Como consecuencia de las frecuentes subidas y bajadas de los océanos de la Edad de Hielo, muchas islas podían presumir de tener su propia especie única de elefante diminuto y Flores no fue una excepción. Quizá el *Homo erectus* llegó a Flores en busca de grandes elefantes y, con el paso de los milenios, tanto el cazador como el cazado se hicieron más pequeños a medida que cada uno se adaptaba a la vida en la isla. [32]

Incluso teniendo en cuenta su pequeño tamaño, el *Homo floresiensis* tenía un cerebro muy pequeño. Pero, como habían descubierto los homínidos de la sabana mucho antes cuando se convirtieron en carnívoros en África, el tejido cerebral es notoriamente caro de mantener. En una especie que se enfrenta a la escasez, hasta el punto de que el enanismo podría verse favorecido por la selección natural, el cerebro se ve en mayor medida obligado a hacer más con menos. Un menor volumen cerebral no tiene por qué comprometer la inteligencia: entre las aves, los cuervos y los loros son notoriamente inteligentes a pesar de tener cerebros no más grandes que las nueces. El Homo *floresiensis* fabricó herramientas ni más ni menos sofisticadas que las del *Homo erectus*.

En Flores, Luzón, y casi con toda seguridad en otros lugares, el *Homo erectus*, abandonado a su suerte, se hizo más pequeño y se convirtió en lo que podríamos considerar como enanos o *hobbits*.

En otros lugares, se convirtieron en gigantes.

En Europa occidental, la especie se transformó en el *Homo antecessor*, una criatura robusta que se desplazó mucho más allá de la cálida sabana de sus antepasados. Hace unos 800.000 años, dejó hachas de mano e, incluso, huellas en el este de Inglaterra, mucho más al norte de lo que ningún homínido se había aventurado hasta entonces.[33] Duro, pero extrañamente familiar, el *Homo antecessor* se parecía mucho más a un humano moderno que al *Homo erectus* o, incluso, a ese exponente del apogeo de la vida en las cuevas de la Edad de Hielo, los neandertales. Nuestra fisonomía humana tiene raíces profundas al igual que nuestros genes: es en el *Homo antecessor* en el que se encuentran los primeros signos de parentesco genético con los humanos modernos.[34]

Algo más tarde y en otros lugares de Europa, apareció el *Homo heidelbergensis*. Los huesos y las herramientas que han llegado hasta nosotros desde Centroeuropa demuestran que eran realmente formidables. Sus jabalinas de caza, conservadas en Alemania junto con herramientas de piedra y restos de caballos faenados, que datan de hace unos 400.000 años, a nosotros nos parecen más bien postes de vallas.[35] Estas lanzas —una de ellas mide 2,3 metros de largo y casi 5 centímetros de diámetro en el punto más ancho— no estaban diseñadas para ser empujadas, sino para ser lanzadas. Levantar y utilizar estas armas en la batalla debía requerir una gran fuerza. Un hueso de la espinilla proveniente del sur de Inglaterra[36] tiene un tamaño similar al de un hombre adulto moderno, pero es mucho más denso y grueso, lo que indica que se trataba de un individuo excepcionalmente robusto, que pesaba más de 80 kilogramos. En el otro extremo de Eurasia, seres humanos de un tamaño comparable al de los seres humanos modernos más altos avanzaron a zancadas desde las nieves de Manchuria. En aquella época había gigantes en la Tierra.

Está claro que los descendientes del *Homo erectus* en Europa y Asia evolucionaban en respuesta a las condiciones cada vez más duras de la Edad de Hielo. El delgado corredor de larga distancia de la sabana africana se estaba convirtiendo en algo nuevo, diferente, una criatura lo suficientemente resistente para los rigores del norte.

Hace unos 430.000 años, una tribu se instaló en cuevas de la Sierra de Atapuerca[37] en el norte de España. En muchos aspectos parecían humanos. Tenían el cerebro del mismo tamaño que el de los humanos modernos. Pero sus rostros eran muy marcados, duros. Su visión de un mundo sombrío se compensaba con una profunda vida interior, porque enterraban a sus muertos. Al menos no los dejaban reposar sin identificar, como si los cadáveres fueran cualquier otro objeto: los cuerpos eran llevados a la parte trasera de la cueva y arrojados a una fosa profunda. En esta gente estaban los comienzos de los neandertales. [38]

Los neandertales, quizás incluso más que el *Homo erectus*, ejemplifican cómo evoluciona la vida en respuesta a los desafíos medioambientales. Obstinados, completamente adaptados a la vida en el frío y azotados por el viento en los páramos del norte de Europa, vivieron allí sin problemas durante 300.000 años. Siguieron deambulando tranquilamente en el paisaje, su cultura cambió poco. En promedio, tenían el cerebro más grande que el de un humano moderno, eran reflexivos y profundos. Y enterraban a sus muertos.

En las profundidades de las cuevas, lejos del frío, el viento y la débil luz solar de la era glacial, se esforzaban por alcanzar la espiritualidad. En una cueva de Francia, enterrada a tanta profundidad que la luz del sol nunca podría haber penetrado, construyeron estructuras circulares con estalactitas cortadas y huesos de osos. [39] Nadie sabe por qué razón. Estas desconcertantes estructuras tienen 176.000 años de antigüedad. Son las construcciones correctamente datadas más antiguas que han realizado los homínidos.

Los neandertales contrastan fuertemente con sus antepasados, los *Homo erectus*, que eran ágiles y se desplazaban libremente. Aunque se han encontrado obras suyas desde los extremos occidentales de Europa hasta el sur de Siberia, pasando por Oriente Medio, los grupos de neandertales no se desplazaban mucho. Enfrentados a unas condiciones climáticas extremas, que ningún homínido había experimentado jamás, hacían breves salidas al exterior para alimentarse, pero cultivaron una vida mental más brillante —como los Morlocks de H. G. Wells— bajo la Tierra.

Sin embargo, algunos de sus parientes se fijaron metas aún más altas.

En algún momento antes de 300.000 años, un vástago de los neandertales de Asia central levantó la vista y vio la meseta tibetana. Fuera de las regiones polares, esta es quizá la parte del mundo menos hospitalaria para los humanos. El aire es frío, áspero y cortante. Las nieves son eternas. Cuando el sol brilla, es un ojo abrasador en la bóveda azul del hielo. Sin embargo, un grupo de homínidos sintió que, en lo alto del techo del mundo, podían sobrevivir. Y así lo hicieron. Escalaron. Y, mientras escalaban, evolucionaron. Se convirtieron en los desinovanos[40], semejantes a los yetis que, según la leyenda, habitaron la meseta miles de años después.[41]

El *Homo erectus* y sus descendientes conquistaron el Viejo Mundo. Incluso podrían haberse aventurado hasta el Nuevo.[42] Hace unos 50.000 años, muchas especies humanas caminaban por la Tierra. Había neandertales en Europa y Asia. Por aquel entonces, algunos de los descendientes de los denisovanos habían abandonado sus refugios en las montañas y habían descendido hasta las tierras altas del este de Asia.[43] Dondequiera que fueran, cambiaban para hacer frente a los retos de los nuevos entornos, desde las cuevas profundas hasta las selvas arboladas, pasando por las islas aisladas, las llanuras abiertas y las montañas más altas. El propio *Homo erectus* seguía viviendo tranquilamente en Java.

Y, sin embargo, todos estos experimentos de la vida humana desaparecerían. Al final de la Edad de Hielo, solo quedaba una especie de homínido. Esta especie, del mismo modo que el *Homo erectus*, provino de África.

Línea de tiempo 6. *Homo sapiens*

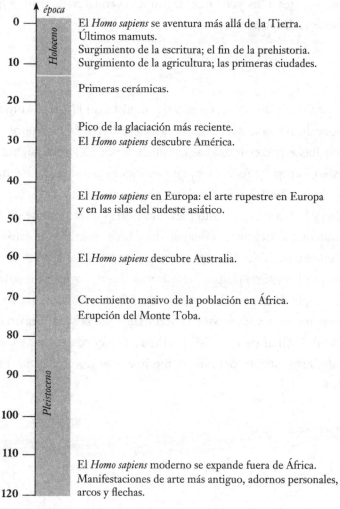

época

0 — El *Homo sapiens* se aventura más allá de la Tierra.
Últimos mamuts.
Surgimiento de la escritura; el fin de la prehistoria.
10 — Surgimiento de la agricultura; las primeras ciudades.

Primeras cerámicas.
20 —

Pico de la glaciación más reciente.
30 — El *Homo sapiens* descubre América.

40 —

El *Homo sapiens* en Europa: el arte rupestre en Europa
y en las islas del sudeste asiático.
50 —

60 — El *Homo sapiens* descubre Australia.

70 — Crecimiento masivo de la población en África.
Erupción del Monte Toba.

80 —

90 —

100 —

110 —
El *Homo sapiens* moderno se expande fuera de África.
Manifestaciones de arte más antiguo, adornos personales,
120 — arcos y flechas.

Holoceno

Pleistoceno

*Edades en millones
de años antes
del presente.*

ONCE

EL FIN DE LA PREHISTORIA

Hace unos 700.000 años, los episodios glaciares eran mucho más largos que los intervalos cálidos que los separaban. La Tierra se encontraba entonces en un estado más o menos permanente de glaciación. Los recreos eran calurosos, embriagadores y breves.

La vida no solo sobrevivió, sino que prosperó. Las partes de Eurasia que no se encontraban bajo el hielo estaban revestidas con una estepa verde que soportaba un tonelaje casi incalculable de caza. En primavera y verano, los bisontes migraban a través de la tierra en manadas tan enormes que se tardaba días en ver pasar a los millones de animales. A estos rebaños se unían los caballos y los ciervos gigantes con increíbles cornamentas, interrumpidos por especies de elefantes, como los mamuts y los mastodontes, y acompañados por el bufido y el pisotón de los rinocerontes lanudos. Los inviernos eran solo un poco menos intensos. Aunque muchos de los animales emigraban hacia el sur, las nieves iban acompañadas de renos. Toda esta carne en movimiento era un imán para carnívoros como leones, osos, gatos de dientes de sable, hienas, lobos... y los duros y resistentes herederos del *Homo erectus*.

Los homínidos respondieron a la intensidad de la Edad de Hielo con cerebros más grandes y reservas de grasa más abundantes.

Esto fue en sí mismo notable. Como hemos observado, el funcionamiento del cerebro es muy costoso. La economía de la naturaleza suele exigir que un animal con cerebro acumule solo un mínimo de grasa, ya que si la comida escasea, tendrá la astucia de encontrar más antes de morir de hambre. Únicamente los mamíferos más débiles necesitan acumular grasa. Los humanos, sin embargo, son la excepción.[1] Incluso los humanos más delgados almacenan mucha más grasa que los simios más regordetes. Los animales inteligentes que tienen una buena capa de aislamiento tienen todo lo que necesitan para hacer frente al frío interminable de la Era Glacial.

La grasa también tiene otro propósito. La diferencia entre los sexos es en gran medida una cuestión de acumulación de grasa. El cuerpo de un hombre adulto contiene, por término medio, un 16 % de grasa de su peso; el de una mujer, un 23 %. Esta diferencia es significativa. La reserva de energía es un requisito esencial para la fertilidad y el embarazo, especialmente en tiempos de escasez. En consecuencia, la mecánica de la selección favoreció a las hembras con curvas rellenas y redondeadas para que tengan las mejores perspectivas de reproducción.[2]

Sin embargo, los cerebros grandes también pueden plantear problemas. Los cerebros grandes implican cabezas grandes. Los bebés humanos, con sus grandes cabezas, tienen dificultades para nacer. Los bebés nacen gracias a un giro de noventa grados de la cabeza cuando sortean la pelvis de la madre y salen de la vagina. Hasta hace muy poco, el coste lo asumía la madre, que corría un alto riesgo de morir en el proceso. Los bebés humanos nacen en un estado relativamente indefenso. Si se esperara a que estuvieran más desarrollados y tal vez más capacitados para enfrentarse al mundo, podrían ser demasiado grandes para sortear el canal de parto y no llegarían a nacer. Los nueve meses de embarazo representan una tregua inquietante entre el bebé, que necesita ser capaz de desenvolverse por sí mismo en el mundo exterior lo antes posible, y la madre, que, de esperar más, tendría que jugar a los dados cada vez más cargados a favor de la muerte.

Es un compromiso que no conviene a nadie. Una especie en la que los bebés nacen totalmente indefensos y, aunque nazcan con éxito —de madres que corren un alto riesgo de muerte— tardan muchos años en alcanzar la madurez, es una especie que probablemente se extinguirá muy rápidamente. La solución fue un cambio drástico, pero en el otro extremo de la vida. Ese cambio fue la menopausia.

La menopausia es otra innovación evolutiva exclusiva de los humanos. En general, cualquier criatura, mamífero o de otro tipo, que sea demasiado vieja para reproducirse envejecerá y morirá muy rápidamente. En los humanos, sin embargo, las hembras que han dejado de tener capacidad de reproducción en la edad madura pueden esperar disfrutar de muchas décadas de vida útil y, al final, criar más hijos.

El aumento de tamaño del cerebro y la consiguiente indefensión de los bebés fueron acompañados por la aparición de las abuelas:[3] mujeres posmenopáusicas que estaban disponibles para ayudar a sus hijas a criar a sus propios hijos. La lógica de la selección natural no dice nada sobre quién cría a los niños hasta la madurez, siempre y cuando sean criados por alguien. Sucede que una mujer que deja de reproducirse para ayudar a sus hijas a criar a sus propios hijos criará un mayor número de descendientes, por término medio, que si hubiera seguido siendo reproductiva ella misma y hubiera tenido que competir por los recursos con sus hijas. Con el tiempo, los grupos humanos que podían confiar en las mujeres posmenopáusicas para que los ayudaran a criar a sus hijos criarían a más niños hasta la edad reproductiva. Los que no pudieron aprovechar un recurso tan valioso se extinguieron. El compromiso incómodo fue superado por la cooperación.

La reproducción resta energía a todo lo demás. En general, existe una compensación entre la reproducción y la longevidad. Por eso, al dejar de reproducirse en la mediana edad, las hembras humanas aumentaron su rendimiento reproductivo y vivieron más tiempo. El agrandamiento del cerebro llevó a un aumento de la esperanza de vida al nacer: aproximadamente hasta los veinte años en el *Homo erectus* y hasta los cuarenta años en los neandertales y los humanos modernos.

Aunque la presión de la evolución actuaba de forma diferente sobre los hombres que sobre las mujeres, ambos compartían los mismos genes, lo que provocó, en efecto, una guerra entre los sexos, ya que las fuerzas selectivas opuestas ejercían presión sobre los genes: un gen, dos amos. El resultado fue otro compromiso. Como las hembras tenían que ser más gordas para traer bebés al mundo, los hombres también engordaron, pero no tanto. Como las hembras evolucionaron hacia la menopausia y vivieron más tiempo, los machos también llegaron a vivir más tiempo, pero no tanto.[4] El resultado fue la introducción de un nuevo estrato en la sociedad de los homínidos: los ancianos de ambos sexos. Antes de la invención de la escritura, los ancianos llegaron a ser valorados como depositarios del conocimiento, la sabiduría, la historia y los relatos.

Por primera vez en la evolución, existían especies cuyo conocimiento podía transmitirse a través de más de una generación a la vez. Muchos animales son capaces de aprender. Las ballenas aprenden su canto de otras ballenas; los pájaros, su canto de otros pájaros; los cachorros, las reglas del juego de otros cachorros; los bebés humanos, el lenguaje por imitación inconsciente de los humanos que los rodean. Los humanos son únicos, por lo que se sabe, porque son los únicos animales que no solo aprenden, sino que enseñan.[5] Los ancianos lo hicieron posible. Mientras los miembros más jóvenes de la tribu amamantaban a sus bebés o salían a cazar, los ancianos menos productivos transmitían sus conocimientos a las nuevas generaciones de niños que, con su larga infancia (en función de su relativa inmadurez al nacer), tenían mucho tiempo para adquirir estos conocimientos. La información abstracta se convirtió en una moneda de supervivencia tan importante como las calorías. Las consecuencias iban a ser explosivas. Y todo comenzó durante la Edad de Hielo, cuando, por primera vez, fue una ventaja para un primate almacenar grasa y tener un cerebro más grande.

El frío cada vez más intenso de Eurasia se equiparó con la aridez de África. La árida sabana se convirtió en un desierto seco, salpicado de pozos de agua tan evanescentes como los espejismos. La supervivencia era una lucha constante. El almacenamiento extra de grasa era una ventaja también aquí, al igual que cerca de las capas de hielo. Los humanos se adaptaron desarrollando un metabolismo basado en el auge y el fracaso: eran capaces de pasar muchos días sin comer, pero, cuando mataban, podían atiborrarse hasta el umbral del dolor, hasta que literalmente no podían comer otro bocado, o incluso moverse; lo mejor para absorber todos los nutrientes que pudieran necesitar para sobrevivir hasta la siguiente comida, fuere cuando fuere. Los humanos comían con gusto, como si cualquier comida pudiera ser la última. [6]

A pesar de la constante amenaza de extinción —y quizás incluso a causa de ella—, en África, del mismo modo que en todas partes, los herederos del *Homo erectus* se diversificaron. [7] Entonces, hace algo más de 300.000 años —justo cuando los primeros neandertales se estaban adaptando al frío gélido de Europa— apareció un nuevo homínido en África. Era raro, heterogéneo y disperso, pero se extendía por todo el continente. [8] Haber conocido a estos individuos habría sido como mirarnos a la cara. Fueron los primeros de nuestra especie, los *Homo sapiens*. Sin embargo, detrás del rostro, estas nuevas criaturas no eran tan humanas como parecerían al comienzo. Al principio, *el Homo sapiens* era como un ingrediente sin procesar. Los humanos modernos se fortalecerían a lo largo de más de un cuarto de millón de años de fracasos. Si los protagonistas de la historia del *Homo sapiens* hubieran sobrevivido para contarlo, hubieran afirmado que el primer 98 % de la duración de su existencia fue una tragedia. Casi todos perecieron y la especie casi se extinguió por completo.

Sin embargo, a lo largo de su recorrido, su acervo genético fue condimentado por el ADN de otros homínidos, tanto dentro como fuera de África. El *Homo sapiens* es una especie con muchos progenitores, cada uno de los cuales añadió su propio sabor especial a una mezcla que, finalmente y contra todo pronóstico, tuvo éxito.

Ya en sus inicios, el *Homo sapiens* se desplazó fuera de su núcleo africano e incursionó en el sur de Europa hace unos 200.000 años y, en el Levante, entre 180.000 y 100.000 años atrás. [9] Pero estas excursiones dejaron pocas huellas, como una mancha del agua en la arena del desierto. El *Homo sapiens* seguía siendo una especie tropical, un visitante del buen tiempo. Si las condiciones en África eran duras, las de Eurasia lo eran más. Y, si el *Homo sapiens* hubiera persistido, se habría encontrado con que el camino estaba cerrado: vetado por los neandertales, que, en su época de esplendor, eran mucho más cultos y, acostumbrados al persistente frío de Europa, podían permitirse el lujo de jugar una larga partida. Habrían percibido a los humanos, si es que lo hacían, como visitantes ocasionales, como una ligera helada antes del amanecer en un día de verano.

Las cosas no fueron mucho mejor para la nueva especie en el corazón africano. De hecho, a medida que se extendían las épocas glaciales, las condiciones empeoraban constantemente. Los grupos de *Homo sapiens*, que nunca fueron muchos, se desvanecieron primero en un lugar y luego en otro: murieron o se cruzaron con otras variedades de homínidos antes de que estos híbridos también desaparecieran. Llegó el momento en que, al norte del Zambeze, el *Homo sapiens* prácticamente se extinguió. Finalmente, el *Homo sapiens* quedó confinado a un oasis en el borde noroccidental de lo que hoy es el desierto de Kalahari, justo al este del delta del Okavango.

Al principio de la era glacial, la región era exuberante. La zona estaba regada por el lago Makgadikgadi, que, en el momento de mayor extensión, tenía el tamaño de Suiza. A medida que África se fue secando, el lago se fragmentó en un paisaje de lagos más pequeños, cursos de agua, humedales y bosques, donde vagaban jirafas y cebras.

Los últimos grupos remanentes de *Homo sapiens* se refugiaron en los estanques y cañaverales del humedal de Makgadikgadi hace unos 200.000 años, del mismo modo que milenios más tarde el último reducto del rey Alfredo estaba en los pantanos de Athelney, donde se reagrupó, buscó consuelo, dejó quemar unas cuantas tortas, y salió para derrotar a los daneses y recuperar el reino de Wessex. Si Inglaterra comenzó en Athelney, las raíces de la propia humanidad bien pueden estar en el humedal de Makgadikgadi. Si alguna vez hubo un Jardín del Edén en algún lugar, fue allí.[10]

Al igual que el patito feo, *el Homo sapiens* se escondió en el humedal de Makgadikgadi durante 70.000 años. Pero, cuando finalmente emergió, se había convertido en un cisne.

Durante decenas de miles de años, el humedal de Makgadikgadi fue un oasis rodeado de un terreno cada vez más inhóspito: desierto seco y salinas. Una vez que el *Homo sapiens* se asentó allí, no fue nada fácil marcharse. Entonces, hace unos 130.000 años, el Sol empezó a brillar algo más sobre la Tierra de lo que lo había hecho durante algún tiempo. El mecanismo de relojería celeste de la excentricidad, la inclinación axial y la precesión se las ingeniaron para producir un intervalo de clima más cálido de lo que el planeta había visto durante muchos milenios.

En Europa, los grandes glaciares fueron sustituidos —aunque brevemente— por condiciones casi tropicales. Fue la época en la que, en Gran Bretaña, los leones retozaban donde ahora está Trafalgar Square; los elefantes pastaban en Cambridge, y los hipopótamos se revolcaban en el lugar donde ahora se encuentra la ciudad de Sunderland. Como en Gran Bretaña, también en África el clima se suavizó. Las últimas generaciones de *Homo sapiens* descubrieron que el desierto más allá del Makgadikgadi se había convertido en un mar de hierba.

Se desplazaron siguiendo la caza y, con el tiempo, lo hicieron definitivamente, ya que, en poco tiempo, el Makgadikgadi se secó por completo. Hoy es un desierto de sal que no alberga ningún ser vivo más complejo que costras de cianobacterias, un retroceso a los primeros días de la vida en la Tierra.

Las bandas de *Homo sapiens* siguieron el rastro de la caza hacia el sur, hasta llegar a la costa en el extremo sur de África. Una vez allí, desarrollaron un modo de vida totalmente nuevo, basado en la abundancia de proteínas del mar. Para los pueblos acostumbrados a obtener el sustento de raíces duras, frutos imprevisibles y de los veleidosos hábitos de animales cautelosos, el océano era un festín inimaginable. Mariscos repletos de proteínas y nutrientes esenciales, totalmente incapaces de huir; algas sabrosas y saladas, y peces mucho más fáciles de atrapar que el impala o la gacela.

Como si respiraran con alivio tras su larga historia de adversidades, estos primeros habitantes de la playa comenzaron a ser más sedentarios y empezaron a hacer cosas que los humanos nunca habían hecho. En las fiestas, se adornaban unos a otros con collares de cuentas de conchas. Se pintaban con carbón y ocre rojo.[11] Grabaron sus signos en forma de patrones cruzados en las cáscaras de los huevos de avestruz y también los pintaron con ocre en las rocas.[12] No cabe duda de que los neandertales, e incluso los *Homo erectus,* utilizaban ocasionalmente conchas y hacían grabados, pero esta gente se dedicaba a esa actividad con una intensidad y un compromiso nuevos.

Al principio, estas tecnologías parecen haber aparecido y desaparecido como si se tratara de un testamento, como si los humanos perdieran ocasionalmente esta habilidad o esta inclinación. Pero el uso de la tecnología se profundizó y se hizo más habitual a medida que la población aumentaba lentamente y sus tradiciones se consolidaban. Estos habitantes de la playa también empezaron a utilizar la piedra de una forma nueva. En lugar de picar las rocas para fabricar artefactos que cupieran en un puño, crearon piezas mucho más pequeñas, cuidadosamente elaboradas y endurecidas por el calor, que podían, por ejemplo, ser montadas en el astil de una flecha. Inventaron las armas de proyectil. Armas que podían matar la caza a distancia con relativamente poco riesgo para el agresor.[13]

Otros exiliados del Edén se dirigieron en dirección contraria, hacia el norte. El Zambeze fue su Rubicón. Una vez que llegaron al este de África, se les unieron los emigrantes del sur del continente, que introdujeron sus avanzadas tecnologías: cosméticos, collares de concha y, sobre todo, arcos y flechas. El resultado fue explosivo. La población de *Homo sapiens* en el este de África pasó de estar constituida por unas pocas bandas pequeñas a ser algo parecido a una población que tenía una oportunidad mayor que la de una existencia efímera.[14] Hace unos 110.000 años, se habían extendido por toda África una vez más y estaban dando nuevos pasos fuera de su tierra natal.

Y esta vez vendrían para quedarse.

Llegó como una bola de fuego en la noche. Hace unos 74.000 años, un volcán llamado Monte Toba, situado en la isla de Sumatra, entró en erupción de forma explosiva, un acontecimiento tan catastrófico como ningún otro ocurrido en la Tierra durante millones de años.[15] El volcán puso fin al período de calor relativo, que ya estaba en decadencia, de forma abrupta. Los escombros llovieron sobre toda la región del Océano Índico, incluso hasta la costa de Sudáfrica.[16] Cientos de kilómetros cúbicos de ceniza fueron lanzados a la atmósfera y sumieron al mundo en un repentino frío glacial.

En una época anterior, la catástrofe podría haber borrado por completo a la humanidad naciente de la faz de la Tierra. Esta vez, el *Homo sapiens* apenas pareció detenerse. Para entonces, nuestra especie se había extendido desde África por la cuenca del océano Índico. Los seres humanos que tallaban la piedra estaban en la India[17], habían llegado hasta la misma Sumatra[18] —el epicentro de la explosión— y hasta el sur de China.

Cuando los exiliados de Makgadikgadi abandonaron su oasis, lo primero que hicieron fue dirigirse a la playa. Cuando, más tarde, los humanos salieron de África, lo hicieron, al principio, siguiendo la línea de costa, a través del sur de Arabia y la India, y hacia el sudeste asiático. También se desplazaron hacia el interior, siguiendo el curso de los ríos, y hacia la sabana cuando el clima lo permitía. No debemos pensar en el acontecimiento como un éxodo al estilo de Moisés, sino más bien en una serie de acontecimientos —cada uno de ellos de poca magnitud— que se combinaron y crearon lo que parece un patrón predeterminado. No es que la gente mirara al horizonte y, en un arrebato de prolepsis heroica, tuviera la visión de algún destino manifiesto. Los individuos vivían sobre la tierra toda su vida más o menos en el mismo lugar. La presión demográfica causaba que algunas personas se desplazaran, por ejemplo, más allá del siguiente cabo. Las inclemencias del tiempo habrían forzado muchos retrocesos. Los humanos de tribus diferentes pero adyacentes, unidos por entrelazados hilos de relaciones, se reunían en épocas de fiesta para cantar, bailar, intercambiar cuentos y elegir pareja. Como en todos los primates, una hembra, una vez emparejada, se trasladaba del país de sus antepasados y se establecía con la familia de su compañero en algún lugar lejano, al otro lado del río tal vez o sobre la siguiente colina.[19]

Por lo tanto, la migración no fue un evento único, sino una serie de pequeños eventos. Sin embargo, demostró tener una configuración global. Las migraciones se produjeron rítmicamente junto con los cambios climáticos regulares forzados por los ciclos orbitales de la Tierra; en particular, el ciclo de 21.000 años de precesión.[20] Los humanos que migraban seguían las estrellas, aunque habrían sido estrellas diferentes, en momentos diferentes.

Como especie, los humanos parecen haber tenido una especial inquietud entre 106.000 y 94.000 años atrás, cuando se extendieron por la antaño hospitalaria Arabia meridional y hacia la India; entre 89.000 y 73.000 años atrás, cuando llegaron a las islas del sudeste asiático; entre 59.000 y 47.000 años atrás, un periodo especialmente intenso de migración a través de Arabia y hacia Asia, en el que también llegaron a Australia;[21] y, por último, entre 45.000 y 29.000 años atrás, cuando se produjo la ocupación completa de toda Eurasia, incluso en latitudes altas, así como pasos tentativos hacia América, y también alguna migración de vuelta a África. Esto no significa que los seres humanos se quedaran quietos fuera de estas épocas: eran los intervalos en los que el clima era lo suficientemente clemente como para que la migración fuera más favorable. Hubo épocas en las que la población humana en expansión se dividió. Por ejemplo, en la época fría y seca que siguió a la erupción del Toba, la humanidad africana quedó aislada de la población del sur de Asia. No volverían a encontrarse en los próximos 10.000 años.

En su camino, los humanos migrantes se encontraron con otros homínidos. Los encuentros eran raros; su resultado, variable. A veces, las tribus sentían la diferencia y luchaban. Otras, se saludaban como primos a distancia, se daban cuenta de que, al fin y al cabo, no eran tan diferentes como parecía al principio. Se unieron contando historias e intercambiando parejas. Los humanos modernos conocieron a los neandertales en el Levante y se cruzaron con ellos. Como resultado, todos los humanos modernos con ancestros que no son exclusivamente africanos contienen algo de ADN de neandertal.[22] En el sudeste asiático, los humanos que emigraron añadieron genes de los denisovanos al acervo genético humano, los descendientes de los habitantes de las montañas, aclimatados desde hacía tiempo a las tierras bajas. Los genes denisovanos se encuentran ahora muy lejos de las zonas montañosas en las que se originaron, en personas de las islas del sudeste asiático y del Pacífico. Pero, en un curioso giro del destino, el gen que permite a los tibetanos modernos vivir sin problemas en el fino aire del Techo del Mundo fue un regalo de despedida de aquellos habitantes de las nieves eternas[23] que desaparecieron como especie discriminada hace 30.000 años, absorbidos completamente por la gran marea de *Homo sapiens*.

Hace unos 45.000 años, los humanos modernos irrumpieron finalmente en Europa, en varios frentes, desde Bulgaria en el este hasta España e Italia en el oeste.[24] Los neandertales, dominantes en Europa durante un cuarto de millón de años, habían rechazado todas las incursiones anteriores del *Homo sapiens*. Esta vez, sin embargo, entraron en franca decadencia y, hace 40.000 años, este representante del apogeo de la Edad de Hielo estaba prácticamente extinguido.[25]

Las razones han sido muy debatidas. Es posible que los neandertales hubieran luchado con los humanos modernos. Sin duda, se cruzaron con ellos.[26] Es posible que se desvanecieran sin luchar, frente a una especie que se reproducía un poco más rápido y que quizás se alejaba más de su territorio.[27] Al final, había tantos humanos modernos en Europa que los neandertales que quedaban, escondidos en sus últimos reductos lejanos —desde el sur de España[28] hasta la Rusia ártica[29]— eran muy pocos y estaban demasiado dispersos como para poder encontrar compañeros de su propia especie.[30]

Las poblaciones neandertales siempre habían sido pequeñas. A medida que se hacían más pequeñas, los efectos de la endogamia y los accidentes hacían mella. Puede llegar un momento en cualquier sociedad humana en el que sea demasiado pequeña para ser viable. No hay nada que lleve a una población a la extinción con tanta seguridad como la falta de gente.[31] Al final, fue más sencillo cruzarse con los invasores. El ADN de una mandíbula humana de 40.000 años de antigüedad procedente de una cueva de Rumanía demuestra que su propietario había tenido un bisabuelo neandertal.[32]

Desde el este de Europa, los humanos modernos siguieron el curso del Danubio, donde, en su cabecera, hay pruebas de un florecimiento de exuberancia cultural.[33] Hicieron esculturas de animales, de humanos, de humanos con cabezas de animales e incluso patos en bajorrelieve que podían colgar en las paredes de las cuevas suburbanas.[34] Hicieron una y otra vez esculturas de mujeres obesas, embarazadas y de enormes pechos, conmovedoras invocaciones de la importancia de la abundancia y la fertilidad en una sociedad que nunca estaba lejos de la inanición. Eran llamamientos a un poder superior.

Las imágenes de animales aparecieron en las paredes de las cuevas en los extremos opuestos de Eurasia más o menos simultáneamente. A las justamente famosas pinturas rupestres de Francia y España, se han unido ejemplos similares en Sulawesi y Borneo, en Indonesia.[35] También estas tenían un contenido ritual. El arte rupestre tiende a aparecer en espacios acústicamente resonantes. Las imágenes parecen haber sido solo un componente de los rituales que también incluían música y danza.[36]

Cuando alcanzaban la mayoría de edad, los seres humanos eran invitados por un chamán a estos espacios rituales para su iniciación en la tribu. Como parte de la ceremonia, se pintaba al iniciado con ocre u hollín, y se le indicaba que imprimiera su mano en la pared de la cueva: como si quisiera dejar su marca en el libro de la vida, para decir: «Estoy aquí».

Tras 4500 millones de años de tumulto sin sentido, la Tierra había dado a luz a una especie que había tomado conciencia de sí misma. ¿Y qué haría a continuación?

DOCE

EL PASADO DEL FUTURO

Todas las especies felices y prósperas son iguales. Cada especie que se enfrenta a la extinción lo hace a su manera. [1]

Como consecuencia del cambio climático, los bosques se descomponen en pequeños bosquecillos, cada uno de ellos aislado de los demás en medio de un océano de hierba donde antes había árboles.

Al derretirse los casquetes polares, el anegamiento de la tierra deja islas donde antes había cimas de montañas.

¿Qué ocurre con las formas de vida que se aferran a los restos de lo que, para ellos, habían sido mundos mucho más grandes?

Algunos grupos aprovechan este aislamiento para evolucionar hacia nuevas y extrañas formas. Pensemos, por ejemplo, en el *Homo floresiensis* y los elefantes enanos que cazaba. Sin embargo, muchas otras poblaciones aisladas se encontrarán con que son demasiado pequeñas para ser viables. Puede que haya muy poca comida o agua para sobrevivir. Los individuos no encontrarán pareja o, si lo hacen, tal vez sean parientes cercanos y la población sucumbirá por la endogamia. [2] Otros, simplemente, no se adaptarán, porque tratarán de vivir según los viejos hábitos en circunstancias que han cambiado mucho. [3] Uno a uno, los individuos mueren por un desorden genético, o por la edad, o por accidente, y dejan cada vez menos descendencia hasta que no queda ninguna. La población se ha extinguido.

Al final, cuando todas las demás poblaciones de la especie hayan fracasado, ya que cada una de ellas se ha enfrentado a sus propios problemas en los fragmentos del hábitat —antaño extenso, en el que se encuentra tan abandonada—, la última población superviviente correrá un mayor riesgo de sucumbir frente a algún desastre muy específico y muy local. Podría ser casi cualquier cosa, muy lejos del gran apocalipsis de los impactos de asteroides o la erupción de campos de magma. Podría ser un corrimiento de tierras que extinguiera su única fuente de alimento, o algo tan aparentemente prosaico como el derribo de su último refugio para dar paso a un proyecto de construcción.

Podría parecer que otras especies son muy numerosas y que no hay motivos para temer que su desaparición sea inminente. Un examen más detallado puede revelar que hace tiempo que los números están en rojo en el libro de la vida y que estas especies están marcadas para la extinción con tanta seguridad como si hubieran sido segadas en su mejor momento. Aunque pueden ser numerosas en el hábitat al que se han acostumbrado, la eliminación del hábitat —aunque sea en forma parcial— puede asegurar su desaparición. Viven, literalmente, de prestado. Por ejemplo, la desaparición de las mariposas y de las polillas de los prados calcáreos se explica mejor por la eliminación de su hábitat hace muchas décadas que por la pérdida actual.[4] Estas especies han contraído lo que se llama una «deuda de extinción».[5]

Sin embargo, otras especies, por una u otra razón, reducirán su tasa de reproducción, y la tasa de mortalidad superará la tasa de sustitución.

El *Homo sapiens* ha contribuido a crear las condiciones en las que muchas especies diversas se han extinguido. Del mismo modo, el propio *Homo sapiens* podría ser vulnerable respecto de una o varias de estas condiciones que podrían provocar su desaparición.

Los sucesos de extinción a gran escala en el pasado lejano son tan remotos que es difícil separar las historias individuales del ruido general y de la confusión del desastre.

La causa principal de la extinción masiva de finales del Pérmico, por ejemplo, fue el afloramiento de lava en Siberia. Los gases liberados aumentaron bruscamente la temperatura de la atmósfera por el efecto invernadero, y envenenaron el aire y los océanos. Pero, por muy cataclísmico que fuera el acontecimiento y por mucho que los seres vivos sufrieran en común, cada animal o planta individual, cada pólipo de coral y cada pelicosaurio encontró la muerte a su manera. Por lo tanto, estas extinciones masivas representan la suma de muchas muertes prematuras individuales, cada una de las cuales representa una tragedia distinta.

El final del Pleistoceno, hace unos 10.000 años, estuvo marcado en toda Eurasia, América y Australia por la desaparición de prácticamente todos los animales que tuvieran un tamaño mayor que el de un perro grande. La causa principal de la extinción podría haber sido la expansión de la humanidad rapaz. También podría haber sido un cambio climático drástico, como los que se produjeron a menudo durante el Pleistoceno. Lo más probable es que fuera una mezcla de ambas cosas.

Sin embargo, las extinciones de finales del Pleistoceno están mucho más cerca de nosotros en el tiempo que la catástrofe de finales del Pérmico. Los vestigios de este acontecimiento son más recientes y se pueden analizar con más precisión. El destino de las especies individuales puede ser rastreado.[6]

Por ejemplo, las áreas de distribución de dos especies emblemáticas de la Edad de Hielo, el ciervo gigante (conocido popularmente como «alce irlandés») y el mamut lanudo, se redujeron drásticamente en unos pocos miles de años. El precipitado declive coincidió con cambios repentinos en el clima y en la vegetación de la que dependían.[7] La caza, además, no hizo sino acelerar una desaparición que se habría producido tarde o temprano. Los ciervos gigantes y los mamuts pueden haber desaparecido, pero sus fósiles son abundantes y es posible datarlos de forma fiable, por lo que su declive y caída se pueden cartografiar con gran detalle. Si hubieran desparecido a finales del Pérmico, probablemente solo podríamos agregar muy poco más a la afirmación de que han desaparecido y eso habría sido todo.

Las extinciones más recientes pueden datarse con gran precisión. El último uro o buey salvaje (*Bos primigenius*) fue abatido en Polonia en 1627. Dada la difusión de personas con armas de fuego, era una extinción que se veía venir. Sin embargo, representó la extinción en su forma más aguda, particular y conmovedora: la única bala que mató a ese único buey puso fin al último individuo que quedaba de una especie que antes era abundante en toda Europa. En cambio, el rinoceronte blanco del norte (*Ceratotherium simum cottoni*) sigue, en el momento de escribir estas líneas, entre nosotros. Se hacen inmensos esfuerzos para que los ejemplares que quedan no caigan en el olvido por la bala de un tirador. Sin embargo, como la población consta solo de dos individuos, ambas hembras, es solo cuestión de tiempo y no mucho.

Sin embargo, el caso del uro y del rinoceronte son diferentes. Los uros pertenecían a una de las pocas ramas del árbol genealógico de los mamíferos, la familia de los bóvidos, que incluye cabras y ovejas, y una legión de especies de antílopes, que aún prospera. Si no fuera por la humanidad, el uro podría seguir entre nosotros. El rinoceronte, en cambio, tuvo su momento en el Oligoceno, cuando los rinocerontes y otros ungulados de dedos impares eran muy diversos, pero desde entonces han estado en declive prolongado: superados en gran medida por ungulados de dedos pares, como los bóvidos, entre los que se encontraba el uro. La humanidad no ha hecho más que acelerar un final que estaba prácticamente escrito mucho antes de que los humanos evolucionaran.

El mundo se encuentra actualmente solo en los primeros 2,5 millones de años de una serie de edades de hielo que durará decenas de millones de años más. Los hielos ya han aumentado y disminuido más de veinte veces, lo que ha provocado una alteración climática que no se veía desde el Eoceno. Y esto no ha hecho más que empezar. Con cada avance del hielo, con cada retroceso, el juego cambia. Algunas especies se extinguirán. Otras florecerán. Las que florezcan en un ciclo podrían perecer en el siguiente.[8] Y habrá casi cien ciclos glaciares-interglaciares más antes de que la serie de edades de hielo en curso llegue a su fin.

El *Homo sapiens* ha cosechado los beneficios del ciclo actual. La especie tomó conciencia de sí misma cuando el anterior intervalo de calor, hace unos 125.000 años, decayó en una prolongada etapa de frío. Aprovechó el bajo nivel del mar para migrar, saltando entre una isla y otra, islas que de otro modo estarían aisladas.

Cuando los hielos alcanzaron su máxima extensión, hace unos 26.000 años, la humanidad se había instalado en todo el Viejo Mundo e incluso había cruzado al Nuevo.[9] Solo Madagascar, Nueva Zelanda, las demás islas oceánicas y la Antártida aún no habían sentido la pisada de un pie humano en sus costas, pero, con el tiempo, sucedería.[10] Durante este avance, todas las demás especies de homínidos desaparecieron. El *Homo sapiens* es el último. El único que queda.

Durante casi toda su historia, los humanos fueron cazadores y recolectores y, como todos los expertos recolectores, conocían los mejores lugares de caza y recolección. Poco después del máximo avance de los hielos, las repetidas visitas a los mismos lugares para recoger plantas útiles causaron que la selección natural se ejerciera sobre ellas, de modo que las plantas produjeron frutos y semillas más atractivos para los visitantes. Los panaderos empezaron a moler semillas de trigo y cebada silvestres para convertirlas en harina y hornear pan hace al menos 23.000 años.[11] La agricultura comenzó en varias partes del mundo más o menos simultáneamente al final del Pleistoceno, hace 10.000 años.[12]

Desde entonces, el aumento de la población humana ha sido espectacular. Actualmente, esta única especie consume una cuarta parte de todos los productos de la fotosíntesis de las plantas de la Tierra.[13] Inevitablemente, esta confiscación significa menos recursos para todos los millones de otras especies y, como resultado, algunas de ellas están desapareciendo.

Sin embargo, la mayor parte del aumento de la población humana ha sido muy reciente. El crecimiento exponencial de la población humana es una cuestión de memoria viva. La población se ha duplicado con creces a lo largo de mi vida[14] y se ha cuadruplicado desde que nacieron mis abuelos. Con el telón de fondo del tiempo geológico, el súbito aumento de la humanidad tiene una importancia insignificante.

La mayor parte del impacto de la humanidad sobre el planeta se ha dejado sentir desde la Revolución Industrial, que comenzó hace unos 300 años, cuando el *Homo sapiens* aprovechó el poder del carbón a escala industrial.

El carbón se forma a partir de los restos ricos en energía de los bosques del Carbonífero. Un poco más tarde, la humanidad aprendió a localizar y extraer petróleo, una mezcla de hidrocarburos líquidos de gran densidad energética, creada por la lenta transformación que sufre el plancton fósil a causa de la presión y el calor que producen las rocas acumuladas encima. Incluso más que la agricultura, la combustión de estos combustibles fósiles ha sido un acicate para el crecimiento de la población humana, pero solo en las últimas generaciones.

El dióxido de carbono es un importante subproducto de la combustión de los combustibles fósiles, junto con otros gases, como el dióxido de azufre y los óxidos de nitrógeno. El procesamiento del petróleo ha provocado la liberación de diversos contaminantes atípicos, desde el plomo hasta los plásticos. Como resultado, se ha producido un fuerte aumento de la temperatura; extinciones generalizadas de animales y plantas; acidificación de los océanos en detrimento de los arrecifes de coral, etcétera. El efecto global ha sido bastante similar al que podría haberse producido si una pluma mantélica se hubiera abierto paso hacia la superficie a través de los sedimentos orgánicos.

A diferencia de las plumas mantélicas, cuyas diversas erupciones llevaron al Pérmico a un final tan agónico, la actual perturbación inducida por el hombre será extremadamente breve. Ya se están tomando medidas para reducir las emisiones de dióxido de carbono y para encontrar fuentes de energía alternativas a los combustibles fósiles. El pico de las emisiones de carbono provocado por el hombre será alto, pero muy estrecho, quizá demasiado estrecho para ser detectable a muy largo plazo.

La población humana se ha incrementado durante tan poco tiempo que dentro de, digamos, 250 millones de años, se habrán conservado los restos de pocos, si es que hay alguno. Los futuros prospectores, con equipos de la más refinada sensibilidad, podrían detectar débiles rastros de isótopos inusuales para decir que, durante un corto período de la Edad de Hielo del Cenozoico, algo sucedió, pero no podrán decir con precisión qué ha sido.

En los próximos miles de años, el *Homo sapiens* habrá desaparecido. La causa será, en parte, el pago de una deuda de extinción, largamente postergada. El área ocupada por la humanidad es nada menos que la Tierra entera y los seres humanos la han convertido progresivamente en menos habitable.

Sin embargo, la razón principal será el fracaso de la sustitución de la población. Es probable que la población humana alcance su punto máximo durante el presente siglo y, luego, disminuya. Para el año 2100, la población humana será menor que la actual.[15] Aunque los seres humanos harán mucho para mejorar el daño causado a la Tierra por sus actividades, no sobrevivirán más que otros miles o decenas de miles de años.

Los seres humanos ya son notablemente homogéneos, en términos de genética, en comparación con nuestros parientes más cercanos entre los simios. Esto es un signo de uno o más cuellos de botella genéticos al principio de la historia humana, seguidos de una rápida expansión, un legado de la casi extinción de la humanidad que estuvo a punto de ocurrir varias veces en el pasado remoto.[16] La extinción será el resultado de una combinación de una variación genética insuficiente, debida a acontecimientos profundos en la prehistoria; la deuda de extinción causada por la pérdida del hábitat actual; el fracaso reproductivo por los cambios en el comportamiento humano y en el medio ambiente, y de los problemas a los que se enfrentan los grupos pequeños que se encuentran aislados de otros del mismo tipo.

No obstante, los glaciares seguirán avanzando y retrocediendo, avanzando y retrocediendo, muchas veces más. La inyección de dióxido de carbono inducida por el hombre retrasará la fecha del próximo avance glaciar, pero cuando llegue, será aún más repentino. El desprendimiento de *icebergs* causado por el clima en los océanos, especialmente en el Atlántico Norte, añadirá tanta agua dulce al océano que la Corriente del Golfo se frenará, y Europa y América del Norte se verán sumidas en una glaciación a gran escala en el transcurso de menos de una vida humana. Pero ningún ser humano estará allí para sentir el frío.

Los seres humanos morirán algún tiempo antes de que todo el dióxido de carbono generado por su frenética actividad se filtre finalmente. El efecto invernadero residual calmará esta ola de frío durante un tiempo y luego volverá a azotar como un latigazo, el primero de un rápido zig-zag de repentinos episodios glaciares y periodos más cálidos, hasta que, finalmente, el exceso de dióxido de carbono se haya absorbido y la Gran Edad de Hielo Cenozoica pueda continuar sin más interrupciones. [17]

Dentro de unos 30 millones de años, la Antártida se habrá desplazado tanto hacia el norte que las aguas cálidas y ecuatoriales arrastrarán los últimos restos de la capa de hielo. ¿Cuál habrá sido el coste en vidas de esta larga ola de frío?

Todos los mamíferos terrestres más grandes que un tejón se habrán extinguido. No habrá más ungulados grandes, elefantes, rinocerontes, leones, tigres, jirafas u osos. Los marsupiales casi desaparecerán. El ornitorrinco y el echidna, mamíferos que ponen huevos y cuyo linaje se remonta al Triásico, habrán puesto sus últimos huevos. No habrá más primates. El *Homo sapiens*, último de su especie, habrá desaparecido tiempo atrás. Habrá algunas aves pequeñas y bastantes lagartijas y serpientes. Los reptiles más grandes, como las tortugas y los caimanes se habrán extinguido, al igual que todos los anfibios restantes.

Seguirá habiendo muchos roedores, pero puede que nos cueste reconocerlos como tales. Los gremios de nuevos herbívoros que pastan podrán rastrear su ascendencia hasta los ratones y las ratas. Entre los carnívoros tradicionales, solo quedarán las formas más pequeñas, del tipo mangosta o hurón. Los carnívoros más grandes se reeditarán como roedores. Excepto, por supuesto, los depredadores más aterradores, que evolucionarán a partir de murciélagos gigantes no voladores. [18]

Seguirá habiendo peces en el mar. Los tiburones seguirán surcando las aguas como lo han hecho desde el Devónico. Habrá arrecifes de un nuevo tipo de coral o esponja.

Y seguirá habiendo ballenas durante un tiempo.

En la escala más panorámica, la historia de la vida en la Tierra, con toda su tragedia, todas sus idas y venidas, se rige solo por dos cosas. Una de ellas es el lento descenso de la cantidad de dióxido de carbono en la atmósfera. La otra es el aumento constante de la luminosidad del Sol. [19]

La mayor parte de la vida se basa en la capacidad de las plantas fotosintéticas para convertir el dióxido de carbono de la atmósfera en materia viva. Para hacerlo, la mayoría de las plantas necesitan una concentración de dióxido de carbono en la atmósfera de unas 150 partes por millones (ppm). Esto se basa en la suposición de que las plantas convierten el dióxido de carbono en azúcares, utilizando solo un tipo de fotosíntesis, llamada la vía C3 (vía de 3 carbonos). Sin embargo, existe otro tipo de fotosíntesis, la vía C4, que puede funcionar con mucho menos: solamente con 10 ppm. El problema de la vía C4 es que necesita más energía para funcionar, por lo que la mayoría de las plantas prefieren la vía C3. [20]

Hace algunos millones de años se produjo un cambio con la evolución de las hierbas, especialmente en la sabana tropical, que tienden a utilizar la vía C4, más derrochadora de energía, pero que ahorra más dióxido de carbono. En general, y a pesar de los picos y caídas ocasionales, el dióxido de carbono ha ido disminuyendo de forma constante a lo largo de la historia de la Tierra y llegó un momento, a mediados de la era Cenozoica, en el que se redujo tanto que la selección natural empezó a favorecer esta forma de fotosíntesis, por lo demás inusual, a pesar del coste adicional.

Si miramos más atrás, este es solo un ejemplo de la reacción de la vida a los retos que le plantean las condiciones cambiantes de la Tierra a la que está confinada. Detrás de muchos de estos retos, se esconde el aumento constante de la cantidad de calor que llega a la Tierra desde el Sol; y los altibajos —pero, sobre todo, los descensos— del dióxido de carbono.

¿Por qué el dióxido de carbono se está volviendo tan escaso, tan valioso? La respuesta se puede resumir en una sola palabra: la erosión. Las nuevas rocas, que surgen de la tierra y se convierten en montañas, se erosionan rápidamente. Este proceso absorbe el dióxido de carbono de la atmósfera. Las rocas erosionadas acaban por convertirse en polvo que, finalmente, llega al mar, donde se queda enterrado en el fondo marino.

En los primeros tiempos de la Tierra, toda la superficie del planeta estaba cubierta por el océano. No había o había muy poca tierra que pudiera erosionarse. Sin embargo, con el paso del tiempo, la proporción de tierra ha aumentado constantemente y, con ella, el potencial de erosión. Poco a poco, la cantidad de dióxido de carbono eliminado de la atmósfera ha aumentado en relación con la tasa de reposición a través de, por ejemplo, las erupciones volcánicas. [21]

Uno de los primeros retos de la vida se produjo durante la Gran Oxidación, entre 2400 y 2100 millones de años atrás. Un pico de actividad tectónica provocó un fuerte aumento del carbono enterrado. El dióxido de carbono fue eliminado del aire. El mundo, que ya no se beneficiaba en absoluto con el efecto invernadero, se vio abocado a una edad de hielo que duró 300 millones de años, en la que el mundo entero se cubrió de hielo, de polo a polo: el primer y mayor episodio con efecto bola de nieve de la Tierra. La gravedad se vio acrecentada por el hecho de que el Sol producía mucho menos calor que en la actualidad, lo que iba a influir en el curso futuro de la vida en el planeta.

La vida respondió con un aumento de la complejidad. Las bacterias individuales, que vivían en asociaciones poco rígidas, pusieron en común sus recursos y cada individuo se concentró en el aspecto de la vida que mejor hacía. Se trata de un ejemplo clásico de división del trabajo, tomado directamente de *La riqueza de las naciones* de Adam Smith. Las fábricas en las que cada trabajador se concentra en una tarea específica, en lugar de que cada uno intente hacerlo todo por su cuenta, son mucho más eficientes que la suma de sus partes. Del mismo modo, las nuevas células nucleadas, o eucariotas, podrían conseguir más con menos.

El siguiente gran reto para la vida llegó hace unos 825 millones de años con la fractura del supercontinente Rodinia. Al igual que en el caso anterior, la fractura provocó un aumento masivo de la meteorización, el enterramiento del carbono y otra serie prolongada de edades de hielo. Estas edades de hielo causaron episodios efecto bola de nieve en la Tierra, pero no duraron tanto como el que había congelado el planeta durante la Gran Oxidación. Aunque había más tierra que erosionar, el Sol estaba mucho más caliente.[22]

En esa época, los eucariotas habían experimentado un nuevo aumento de la complejidad: diferentes células eucariotas se asociaron para formar un organismo compuesto por muchas células diferentes, cada una concentrada en una tarea específica, como la digestión, la reproducción o la defensa. La evolución de los animales fue una consecuencia directa de los efectos de las edades de hielo que siguieron a la ruptura de Rodinia.

Una vez más, la vida había respondido a una importante perturbación ambiental mediante una profunda revisión de su economía doméstica. La multicelularidad permitió a los organismos hacerse más grandes; moverse más rápido; desplazarse más lejos, y explotar más recursos de una manera que las células eucariotas individuales nunca pudieron.

No es que los eucariotas miraran sus calendarios hace 825 millones de años y decidieran unánimemente convertirse en multicelulares. Las criaturas multicelulares habían evolucionado mucho antes y los eucariotas unicelulares —y las bacterias— seguirían siendo muy comunes. Lo que sucedió fue que el estado multicelular se hizo más común en lugar de ser una rareza. Hace 1.000 millones de años, se podía ver alguna que otra fronda de algas en medio de un mar de limo. Hace 800 millones de años, las algas estaban por todas partes. Hace 500 millones de años, las algas estaban repletas de animales, algunos lo suficientemente grandes como para verlos a simple vista.

De forma similar, la vida se está preparando para el siguiente paso en la evolución compleja. Así como las bacterias se combinaron para crear organismos eucariotas; así como estos se combinaron para crear animales multicelulares, las plantas y los hongos; así, estos organismos se combinarán para producir en las últimas edades de la vida en la Tierra un tipo de organismo totalmente nuevo, de una potencia y eficiencia que apenas podemos imaginar.

Las semillas se sembraron hace tiempo.

Poco después de que las plantas tocaran la tierra por primera vez, descubrieron que la vida era mucho más fácil cuando formaban asociaciones estrechas con hongos subterráneos, llamados *micorrizas*, que se adherían a sus raíces. Las plantas proporcionaban a los hongos los nutrientes procedentes de la fotosíntesis. A cambio, los hongos excavaban en la tierra para obtener oligoelementos.[23]

Hoy en día, la mayoría de las plantas terrestres están asociadas a micorrizas y, de hecho, no podrían sobrevivir sin ellas. La próxima vez que camines por el bosque, piensa que en el suelo, bajo tus pies, las micorrizas de diferentes plantas se han unido para intercambiar nutrientes, formando una red en todo el bosque, que regula su crecimiento. El bosque —con todos sus árboles y micorrizas— es un único superorganismo.[24]

Los hongos tienen el potencial de regular la vida en áreas muy extensas. Uno de los mayores organismos conocidos es un espécimen del hongo *Armillaria bulbosa* cuyos filamentos microscópicos se han extendido por una superficie de 15 hectáreas en un bosque del norte de Michigan. Aunque apenas se sabe que existe, tiene una masa total de más de 10.000 kilogramos y ha vivido más de 1500 años.[25] Definir este hongo como individuo, sin embargo, es difícil. Los filamentos de los hongos se extienden, invisibles, invasivos, insospechados por todos los rincones y forman gigantescas uniones secretas, enterradas en la oscuridad y el suelo.

Mucho más tarde, cuando la era de los dinosaurios se acercaba a su apogeo, el mundo de las plantas experimentó una revolución silenciosa. Fue la evolución de las flores.

Las plantas con flores empezaron como pequeñas cosas rastreras en las márgenes del agua del mundo, pero pronto se hicieron mucho más comunes. Cien millones de años después, son la forma dominante de planta terrestre.

Una de las ventajas de las flores es que atraen a los polinizadores en lugar de depender para su fecundación del viento, el clima y el azar. En las plantas con flores, como en tantas otras cosas, la vida ha provocado un cortocircuito en el medio ambiente, torciendo las probabilidades a su favor.

Por lo tanto, probablemente no fue una coincidencia que la evolución de las flores se produjera al mismo tiempo que un aumento espectacular de los insectos polinizadores, especialmente, las hormigas, abejas y avispas (colectivamente, los himenópteros), y las mariposas y polillas (los lepidópteros).[26] Estos insectos ya existían desde hacía millones de años, pero la evolución de las plantas con flores aceleró su evolución.

Algunas plantas y sus polinizadores tienen una relación tan estrecha que no pueden sobrevivir uno sin el otro. Los higos, por ejemplo, no pueden reproducirse sin las avispas que los acompañan y que han construido su vida en torno a la planta. Lo que consideramos los frutos del higo son en realidad hábitats creados por y para las avispas.[27] Existe una relación igualmente estrecha entre la yuca y las polillas que la acompañan.[28] En algunos aspectos, los higos y las avispas de los higos forman un solo organismo, una unión indisoluble; lo mismo puede decirse de la yuca y la polilla de la yuca.

Muchas hormigas, abejas y avispas han ido evolucionando hacia un estado nuevo y más integrado, totalmente al margen de sus asociaciones con las plantas, por mucho que la evolución de las plantas con flores diera un impulso a su propia evolución. Muchos de estos insectos se reúnen en gigantescas colonias en las que los individuos están especializados en tareas específicas, como la vigilancia o la búsqueda de alimento. Es significativo que la reproducción esté en manos de un solo individuo, la reina. Al igual que en un organismo multicelular, la reproducción se concentra en una población diferenciada de células.

Estas colonias son superorganismos. Incluso muestran comportamientos distintos que, en otros casos, serían característicos de animales individuales. Por ejemplo, algunas colonias de la hormiga cosechadora *Pogonomyrmex barbatus* tienden a enviar menos buscadores durante las sequías que otras colonias. Esta restricción se traduce en la fundación de más colonias hijas.[29] Al igual que los humanos, las hormigas forman asociaciones estrechas con las bacterias que viven en su interior y con otros animales de los alrededores. Cultivan activamente jardines de hongos. Atienden a bandadas de pulgones domesticados, a los que capturan por la melaza que segregan.

La organización social es un rasgo vinculado con el éxito.[30] El éxito del *Homo sapiens* podría atribuirse a una tendencia a la organización social, en la que —como los insectos sociales— los individuos tienden a especializarse en determinadas tareas. Tal organización tiene el potencial de acumular más recursos, más fácilmente de lo que sería posible para los individuos que actúan solos. ¿Cuántas personas, en el mundo actual, podrían vivir con cierta comodidad si se vieran obligadas a cubrir por sí mismas sus necesidades más básicas? Lo mismo ocurre con los insectos sociales. Era cierto antes de que evolucionaran, y lo será mucho después de que los humanos se extingan. De hecho, las ventajas del pequeño tamaño de los individuos y de la organización a gran escala serán más importantes con el tiempo.

A medida que pase el tiempo y el dióxido de carbono para la fotosíntesis sea más escaso, las asociaciones de este tipo serán más comunes. Los organismos individuales se harán más pequeños, utilizarán los recursos de forma más eficiente y formarán parte de superorganismos sociales mucho más grandes. Al mismo tiempo, las plantas dependerán de los animales para que les suministren dióxido de carbono y las polinicen. Las plantas con asociaciones menos estrechas acabarán muriendo de hambre. Las avispas de la higuera y las polillas de la yuca ya han cambiado mucho su forma y comportamiento respecto de sus parientes más libres y promiscuos.

Las plantas desarrollarán asociaciones más estrechas con sus polinizadores, especialmente si son insectos sociales. Este cambio se acelerará hasta que los insectos se conviertan en simples vehículos para mediar en la fecundación y proporcionar dióxido de carbono. Al final, los insectos se convertirán en poco más que órganos microscópicos dentro de la planta, de la misma manera que las mitocondrias dentro de nuestras células fueron una vez bacterias vivas libres. La reproducción de los insectos estará completamente sincronizada con la de la planta. Se habrán convertido en uno solo.

Pero las plantas también habrán cambiado más allá de todo reconocimiento. Tal vez se parezcan a los hongos, con la mayor parte de su cuerpo en forma de tubérculos de raíz o de tallo bajo tierra, tal vez expandidos en cavernas hinchadas y huecas en las que sus compañeros insectos productores de dióxido de carbono, ya más parecidos a gusanos microscópicos —o incluso a células de tipo ameboide—, vivirán toda su vida dedicados a ayudar a la fecundación de pequeñas flores producidas internamente. Solo ocasionalmente una planta hará llegar tejido fotosintético por encima del suelo. Pero, con menos dióxido de carbono que recoger y marchita por el creciente calor del Sol, *ocasionalmente* se convertirá en *raramente*, que, a su vez, se convertirá en *casi nunca*.

Sin embargo, algunas plantas tendrán pequeñas flores por encima de la tierra para liberar el polen en el viento y también recogerlo, para mantener la diversidad genética y, tal vez, como señales; una especie de semáforo para decir que aún no está todo perdido.

Y la Tierra sigue moviéndose. Dentro de 250 millones de años, los continentes volverán a converger en un supercontinente, el más grande hasta ahora. Al igual que Pangea, se situará al otro lado del Ecuador.[31] Gran parte del interior será el más seco de los desiertos, rodeado de cordilleras de altura y extensión titánicas.

Mostrará pocos signos de vida. En el mar, la vida será más sencilla y la mayor parte se concentrará en las profundidades. La tierra parecerá completamente sin vida. Esto será una ilusión. Seguirá habiendo vida, pero habrá que cavar para encontrarla; un largo, largo camino.

Incluso hoy en día, una vasta legión de organismos vivos vive en las profundidades del subsuelo, sin que se les preste atención; aun a mayor profundidad que las raíces de las plantas, más aun que las micorrizas y los hongos, como *la Armillaria*, aunque la perciban.

En las profundidades del subsuelo viven bacterias que extraen minerales y que compensan las deficiencias de una magra existencia con la energía obtenida, convirtiendo los minerales de una forma a otra.[32] Entre las grietas, estas bacterias son presa de una serie de criaturas diminutas.[33] La mayoría son nematodos (gusanos filiformes), la forma de vida animal más olvidada e ignorada, ya que los nematodos infestan los animales y las plantas de forma tan absoluta que un científico ha señalado que si toda la vida de la Tierra se hiciera transparente, excepto los nematodos, aún se podrían ver las formas fantasmales de los árboles, los animales, las personas y el propio suelo.[34] La vida en la biosfera profunda avanza con tanta lentitud que, en comparación, los glaciares parecen tan ágiles como corderos en primavera. De hecho, es tan lenta que apenas se distingue de la muerte. Las bacterias crecen muy lentamente, se dividen poco y pueden vivir durante milenios. A medida que el mundo se caliente y el dióxido de carbono en la atmósfera se haga más escaso, la vida en las profundidades se acelerará.

El propio calor la impulsará, así como la invasión, desde arriba, de un nuevo tipo de organismo, una combinación apenas imaginable de lo que fueron en un pasado lejano criaturas llamadas hongos, plantas y animales, pero que serán los últimos reductos de la vida cerca de la superficie del planeta. Estos superorganismos pondrán a trabajar a las lentas bacterias de las profundidades y les ofrecerán un albergue seguro a cambio de energía y nutrientes, ya que la fotosíntesis será cosa del pasado.

De la misma manera que en caso de los hongos, filamentos de los superorganismos se ramificarán a través de la corteza terrestre, siempre en busca de más sustento, de más organismos que reunir, hasta que, un día, a última hora del atardecer terrestre, filamentos de todos los superorganismos se habrán encontrado y fusionado. Por fin, tal vez, la vida se habrá reunido en una sola entidad viviente, desafiando la muerte de la luz.

La Tierra seguirá moviéndose, aunque más lentamente y como si padeciera dolor, como si estuviera artrítica, porque el planeta será entonces muy viejo. Las placas tectónicas no estarán tan bien lubricadas como antes.

En la juventud del planeta, los grandes motores térmicos convectivos que impulsaron la deriva continental fueron alimentados por un alto horno nuclear; compuesto por la lenta desintegración radioactiva de elementos como el uranio y el torio, forjados en los últimos segundos de una supernova, y que recalaron en el centro del planeta cuando este se formó, hace tanto tiempo atrás. Estos elementos han desaparecido casi en su totalidad. El supercontinente que converja dentro de unos 800 millones de años será el mayor de la historia del planeta. También será el último. Porque los continentes, cuyo inquieto desplazamiento ha sido el combustible de la vida y, tantas veces, su némesis, finalmente, se habrán detenido.

No habrá vida en la superficie. Incluso en las profundidades de la tierra, la vida estará respirando por última vez. Los últimos vestigios de vida en el mar, que convergen alrededor de los respiraderos hidrotermales, se morirán de hambre, ya que las fumarolas ricas en minerales de hidrógeno y azufre se apagarán y morirán.

Dentro de unos mil millones de años, la vida en la Tierra, que tan hábilmente ha convertido cada desafío a su existencia en una oportunidad para florecer habrá, finalmente, expirado.[35]

Epílogo

Parafraseando lo que alguien dijo una vez en otro contexto, las carreras de todos los seres vivos terminan con la extinción de la vida. Ni la vida misma perdurará. El *Homo sapiens* no será una excepción.

Quizá no sea una excepción, pero sí es excepcional. Aunque la mayoría de las especies de mamíferos duran alrededor de un millón de años y el *Homo sapiens*, incluso en su sentido más amplio, ha existido durante menos de la mitad de ese tiempo, la humanidad es una especie excepcional. Podría durar millones de años más o caer muerta de repente el próximo martes.

La razón por la que el *Homo sapiens* es excepcional es que es la única especie que, por lo que se sabe, ha tomado conciencia de su lugar en el esquema de las cosas. Ha tomado conciencia del daño que está causando al mundo y, por tanto, ha empezado a tomar medidas para limitarlo.

En la actualidad existe una gran preocupación por el hecho de que el *Homo sapiens* haya precipitado lo que se ha denominado la «sexta» extinción masiva, un acontecimiento de magnitud similar a las «Cinco Grandes», las extinciones del final de los periodos Pérmico, Cretácico, Ordovícico, Triásico y Devónico, acontecimientos detectables en el registro geológico cientos de millones de años después.

Si bien es cierto que la tasa de extinción «de fondo» —el mercado básico en el que las especies evolucionan y se extinguen, cada una por sus propias razones— ha aumentado desde la evolución de los seres humanos y es especialmente alta en la actualidad, los seres humanos tendrían que seguir haciendo lo que están haciendo durante otros 500 años para que la tasa de extinción actual sea significativa entre las Cinco Grandes.[1] Esto es casi el doble de tiempo que el intervalo entre la Revolución Industrial y la actualidad. Se ha hecho mucho daño, pero aún hay tiempo para evitar que sea tan grave como podría serlo si la humanidad no hiciera nada. No es la sexta extinción. Al menos, todavía no.

La humanidad también ha precipitado un episodio de calentamiento global debido, en gran medida, a la repentina emisión de dióxido de carbono en la atmósfera. Los efectos del calentamiento global ya se están dejando sentir y están causando importantes trastornos en la salud y la seguridad humanas, así como en la vida de muchas especies diferentes.

Se podría decir, por supuesto, que la naturaleza del clima es cambiante: nuestro planeta ha sido a veces una bola de magma; otras, un mundo de agua; se ha vestido de selva de polo a polo, y se ha cubierto de hielo de varios kilómetros de espesor.

Detener el cambio climático, por lo tanto, podría parecer un ejercicio de arrogancia narcisista colosal, como advirtió el rey Canuto a sus cortesanos que sugirieron que cualquier rey digno de ese nombre debería ser capaz de revertir la marea con una orden. Resulta tentador, ante eslóganes como:

¡SALVA EL PLANETA!

Rebatir:

¡DETÉN LAS PLACAS TECTÓNICAS!

o incluso:

¡DETÉN LAS PLACAS TECTÓNICAS! ¡AHORA!

Al fin y al cabo, la Tierra existe desde hace 4.600 millones de años antes de que apareciera el *Homo sapiens* y seguirá aquí mucho después de que este desaparezca.

Una visión tan dispéptica solo estaría justificada si la humanidad fuera tan inconsciente de sus actividades como, por ejemplo, las primeras bacterias fotosintéticas que adulteraron la atmósfera con cantidades pequeñas, pero sin embargo letales, del veneno mortal que hoy conocemos como oxígeno molecular.

Sin embargo, somos muy conscientes y ya estamos tomando medidas para actuar de forma más responsable. En todo el mundo, se está eliminando la emisión de combustibles fósiles en favor de alternativas menos contaminantes. Por ejemplo, el tercer trimestre de 2019 fue el primer intervalo de este tipo en el que el Reino Unido generó más electricidad a partir de energías renovables que de centrales que queman combustibles fósiles; y la tendencia solo puede mejorar.[2] Las ciudades son más limpias y ecológicas.

Hace cincuenta años, cuando la población de la Tierra era la mitad de la actual, existía la grave preocupación de que la humanidad pronto sería incapaz de alimentarse.[3] Sin embargo, cincuenta años más tarde, la Tierra mantiene al doble de personas, que, en general, están más sanas y viven más tiempo, y en un mayor estado de riqueza que antes. El debate ha pasado de plantear como tema la ausencia de riqueza a discutir los daños causados por la importante desigualdad en su distribución.

Los seres humanos están empezando a sustentar su vida de forma más económica. Lo están haciendo rápidamente y con cierto entusiasmo. Aunque el consumo de energía per cápita sigue aumentando en todo el mundo, ha disminuido en algunos países de renta alta. En el Reino Unido y los Estados Unidos, el consumo de energía per cápita alcanzó su punto máximo en la década de 1970 y se mantuvo más o menos igual hasta la década de 2000, momento en el que ha disminuido, y lo ha hecho de forma pronunciada: en el Reino Unido, el consumo de energía per cápita ha disminuido casi una cuarta parte solo en los últimos veinte años.[4]

Los humanos también están mejor educados que antes. En 1970, solo uno de cada cinco humanos permanecía en la escuela hasta los doce años. Ahora es algo más de uno de cada dos (51 %) y se prevé que llegue al 61 % en 2030[5].

La población humana, que antaño amenazaba con sobrepasar todos los límites de control, alcanzará su punto máximo en el presente siglo, tras lo cual empezará a descender. Para el año 2100, será menor que la actual.[6]

La tecnología más eficiente y las mejoras en la agricultura han sido responsables de muchas de estas cosas. Pero quizás el factor más importante en la mejora de la condición humana durante el último siglo ha sido el empoderamiento reproductivo, político y social de las mujeres, especialmente en los países en desarrollo. Ahora que las mujeres tienen un mayor gobierno sobre sus propios cuerpos y más voz en los asuntos humanos, la humanidad ha duplicado su fuerza de trabajo, ha mejorado su eficiencia energética general y ha reducido su crecimiento demográfico.

Aún quedan muchos retos por delante. Sin embargo, la humanidad, como la vida siempre ha hecho, responderá —está respondiendo— a ellos mediante la división del trabajo, de modo que menos recursos lleguen mucho más lejos.

Sin embargo, el *Homo sapiens* acabará extinguiéndose, tarde o temprano.

Es posible que haya una vía de escape, aunque, si se mira con detenimiento, resultará ilusoria. Este libro ha tratado sobre la vida en la Tierra y muestra que las condiciones en este planeta serán, algún día, demasiado hostiles para cualquier tipo de vida, por muy ingeniosa que sea. Pero no he hablado de cómo la vida podría extenderse más allá de la Tierra.

Aunque se sabe que algunos organismos pueden soportar la exposición al espacio,[7] el *Homo sapiens* es la primera especie de la Tierra que, por lo que se sabe, ha salido deliberadamente al espacio, ha establecido una estación espacial tripulada en órbita y ha puesto el pie en otro mundo, la Luna. Por lo tanto, es posible que el ser humano abandone regularmente la Tierra e, incluso, viva permanentemente en el espacio, ya sea en superficies planetarias o en hábitats artificiales. En la actualidad, esto parece poco probable. En el momento de escribir estas líneas, solo un puñado de personas ha visitado la Luna[8] y nadie lo ha hecho desde 1972. Esto no es necesariamente una razón para el pesimismo. Cuando los primeros humanos modernos, que vivían en la costa del sur de África hace unos 125.000 años, desarrollaron por primera vez cosméticos, aprendieron a dibujar y a usar arcos y flechas, la tecnología se hizo realidad, para luego ser aparentemente olvidada, a veces durante miles de años, hasta que, eventualmente, la tecnología fue readquirida y finalmente se convirtió en algo común. Podría ser que tales actividades requieran un número suficiente de personas que vivan lo suficientemente cerca para sostener dichas actividades, para garantizar el mantenimiento de los oficios y las habilidades necesarias.

Los viajes espaciales, aparentemente abandonados, vuelven a cobrar vida tras un largo letargo y podrían convertirse en una rutina. Los avances tecnológicos han hecho que los viajes espaciales ya no sean tan costosos como para que solo los gobiernos puedan permitirse el lujo de realizarlos. Las empresas privadas se han involucrado. La perspectiva de que la gente visite el espacio únicamente para contemplar la vista ya no es un asunto de ciencia ficción. Al principio, los únicos clientes serán los más ricos, pero lo mismo ocurría con el transporte aéreo.

Cabe destacar la rapidez con la que ha evolucionado la tecnología. Por ejemplo, cincuenta años separan el primer aterrizaje humano en la Luna (julio de 1969) del primer vuelo transatlántico en avión (junio de 1919), realizado por dos valientes pilotos en un artilugio que, a ojos modernos, parece un frágil conjunto de lona, madera y motores de cortadoras de césped atados con una cuerda.

Pero la extinción seguirá siendo el destino de la humanidad, incluso si, un día, la especie llega a las estrellas. Las colonias de humanos serán muy pequeñas y estarán separadas por grandes distancias, lo que aumenta la posibilidad de que muchas fracasen por falta de gente y de diversidad genética; y las que tengan éxito acabarán por divergir en especies diferentes. Así que no habrá escapatoria.

¿Cuál será entonces el legado humano? Si se compara con la duración de la vida en la Tierra, nada. Toda la historia humana, tan intensa y tan breve, todas las guerras, toda la literatura, todos los príncipes y dictadores en sus palacios, todas las alegrías, todos los sufrimientos, todos los amores, los sueños y los logros no dejarán más que una capa de milímetros de espesor en alguna futura roca sedimentaria hasta que esta roca también se erosione, se convierta en polvo y llegue a descansar en el fondo del océano.

De alguna manera, sin embargo, esto hace que sea aún más significativo, más importante que tratemos de preservar lo que tenemos, para hacer que nuestra existencia de libélula sea lo más cómoda posible, para nosotros mismos y para nuestras especies compañeras.

Hacedor de estrellas, de Olaf Stapledon (1886-1950), es quizá la obra de ficción especulativa más audaz jamás publicada. El hecho de que muy pocos hayan oído hablar de ella es quizá una función de la inmensidad de escala (aunque el libro en sí es bastante corto). El relato cuenta la historia de nuestro cosmos, que (en la historia) tarda más de 400.000 millones de años en desarrollarse y eso es solo uno de los varios universos. La historia de la humanidad ocupa un mero párrafo.

En el relato, el protagonista sale de su casa de campo tras una discusión con su esposa. Sentado en la ladera de una colina, es presa de una visión en la que se ve transportado al cosmos. Al encontrarse con otros vagabundos, pasa a formar parte de una comunidad de almas que protagoniza numerosas aventuras hasta que, ya acumulada como mente cósmica, se encuentra con el Creador. Nuestro universo no es más que un ensayo en el oficio: otros universos de juguete se dispersan en el taller del Creador. Además, aún están por llegar universos mayores.

De vuelta a casa, el protagonista reflexiona sobre sus viajes. Cabe recordar que Stapledon era un pacifista convencido que, sin embargo, había sido testigo de primera mano de los horrores de la guerra, al haber trabajado como voluntario en el servicio de ambulancias Friends" Ambulance en el frente occidental. *Hacedor de estrellas* se publicó en 1937, cuando el mundo se adentraba en otro conflicto global: algo de lo que el protagonista habla en el prólogo y el epílogo del libro.

¿Cómo —se pregunta el narrador— puede una persona corriente enfrentarse a un horror tan inhumano?

«Dos luces para guiarnos», propone. La primera, «nuestro pequeño átomo luminoso de comunidad». La segunda, aparentemente antitética, «la fría luz de las estrellas», en la que asuntos como las guerras mundiales son insignificantes. Y concluye:

> Es extraño que parezca más, y no menos, urgente desempeñar algún papel en esta lucha, este breve esfuerzo de los organismos que luchan por ganar para su raza algún aumento de lucidez antes de la oscuridad final.

Por lo tanto, no desesperes. La Tierra permanece y la vida continúa.

Agradecimientos

Después de *Across The Bridge* juré que no iba a escribir otro libro.

«No voy a escribir otro libro», exclamé frente a mi colega David Adam. Por aquel entonces, David era periodista y redactor jefe en *Nature*, donde ambos trabajábamos. A menudo interrumpía a David para que charláramos sobre libros. Él había escrito dos: *The Man Who Couldn't Stop* y *The Genius Within*.

Haciendo caso omiso de mis protestas, David me sugirió que escribiera algo acerca de todas las increíbles investigaciones sobre fósiles que he tenido el privilegio de conocer a lo largo de los años, desde mi mesa de trabajo en *Nature*.

Aún protestando y diciendo que no iba a escribir otro libro, escribí el libro.

No se trataba de un libro de divulgación científica, sino más bien de un texto que lo cuenta todo, titulado *Let's Talk About Rex: A Personal History of Life on Earth*. Mi agente, Jill Grinberg, de Jill Grinberg Literary Management, estaba muy interesada en ver lo que estaba haciendo, pero le aconsejé que, como se trataba de una revelación sin tapujos, con lo bueno y con lo malo, cercana y personal, debía escribir todo el libro y compartirlo con todos los que estaban mencionados por su nombre, antes de que saliera. Ella estuvo de acuerdo. Y eso es lo que hice.

Las primeras muestras de malestar vinieron de mis padres, que dijeron que todo era muy bonito, querido, pero que a quién, aparte de los mencionados, le iba a importar realmente. Jill me sugirió que intentara una narración más directa. Así comenzó una conversación que llevó meses de borradores, grandes cantidades de correos electrónicos y varias conversaciones telefónicas nocturnas, antes de que surgiera la versión final.

David Adam merece el primer agradecimiento, ya que el libro fue su idea, por lo menos al comienzo. Si no te gusta, échale la culpa a él. Aunque recuerdo que nuestra colega Helen Pearson ayudó.

Bastantes personas vieron partes del libro mientras estaba en el proceso de escritura y algunas incluso hicieron sugerencias útiles, aunque, por supuesto, los errores son totalmente míos, al igual que muchas de las especulaciones extravagantes. Agradezco los sabios consejos de Per Erik Ahlberg, Michel Brunet, Brian Clegg, Simon Conway Morris, Victoria Herridge, Philippe Janvier, Meave Leakey, Oleg Lebedev, Dan Lieberman, Zhe-Xi Luo, Hanneke Meijer, Mark Norell, Richard «Bert» Roberts, De-Gan Shu, Neil Shubin, Magdalena Skipper, Fred Spoor, Chris Stringer, Tony Stuart, Tim White, Xing Xu y, especialmente, a Jenny Clack, que envió comentarios durante la etapa final de su enfermedad. Este libro está dedicado a su memoria.

Steve Brusatte (autor de *The Rise and Fall of the Dinosaurs*) aportó muchos comentarios útiles y entregó el borrador a sus alumnos; muchos de ellos ofrecieron amablemente sus propios comentarios. Así, pues, gracias a Matthew Byrne, Eilidh Campbell, Alexiane Charron, Nicole Donald, Lisa Elliott, Karen Helliesen, Rhoslyn Howroyd, Severin Hryn, Eilidh Kirk, Zoi Kynigopoulou, Panayiotis Louca, Daniel Piroska, Hans Püschel, Ruhaani Salins, Alina Sandauer, Ruby Stevens, Struan Stevenson, Michaela Turanski, Gabija Vasiliauskaite y un estudiante que prefirió permanecer en el anonimato.

Pido disculpas a todos los que merecen ser incluidos y cuyo nombre he omitido por descuido.

Jill me ha representado desde el último milenio. Hemos pasado por muchas cosas juntos. Cuando Jill vendió mi primer libro comercial, *In Search of Deep Time*, volé a Nueva York solo para llevarla a cenar. Que no se diga que la era de la caballerosidad ha muerto. Fue bajo la dirección de Jill que lo que empezó como unas memorias irreverentes se convirtió en el libro que tienes enfrente, de tal manera que captó la imaginación de Ravindra Mirchandani de Picador y de George Witte de

St Martin's Press, que se hicieron cargo del proyecto en un momento muy difícil (la pandemia de Covid de 2020-21 estaba en pleno apogeo). Doy las gracias a Ravi, George, Jill y a todos sus colegas por haber impulsado el proyecto.

El libro habría sido imposible si no hubiera tenido la suerte de que el viernes 11 de diciembre de 1987 el gran John Maddox me ofreciera un puesto en la revista científica *Nature*, lo que me permitió asistir en primera fila al desfile de descubrimientos durante el período quizá más apasionante de la historia de la ciencia.

También debo dar las gracias a mi familia, por sus ánimos, aunque mi agradecimiento más sincero es para mi mujer, Penny, cuya respuesta habitual a las exclamaciones de que nunca iba a escribir otro libro fue una sonrisa cómplice.

Penny me encerraba en mi estudio entre las 19 y las 21 horas todas las noches (excepto los viernes y los sábados) con una taza de té, dos galletas digestivas y mi fiel perra Lulu.

Nunca lo habría hecho sin ellas.

Notas

1. Una canción de hielo y fuego

1. Véase, por ejemplo, R. M. Canup y E. Asphaug, «Origin of the Moon in a giant impact near the end of the Earth's formation», *Nature* 412, 708-712, 2001; J. Melosh, «A new model Moon», *Nature* 412, 694-695, 2001.

2. Esto explica por qué la Tierra y la Luna tienen composiciones similares, y también por qué la Luna es bastante especial. En comparación con la mayoría de los satélites del sistema solar, la Luna es muy grande en relación con su planeta primario (la Tierra, en este caso). Véase Mastrobuono-Battisti *et al.*, «A primordial origin for the compositional similarity between the Earth and the Moon», *Nature* 520, 212-215, 2012.

3. Para ilustrar lo activa que sigue siendo la Tierra hasta el día de hoy: la placa tectónica sobre la que descansa Australia se mueve y empuja hacia el norte, hacia Indonesia, y la deforma a medida que avanza, a un ritmo dos veces más rápido que el crecimiento de las uñas del profesor Bert Roberts, de la Universidad de Wollongong (o eso me dice Bert, el ritmo de crecimiento de las uñas puede variar). Esto puede parecer poco, pero se acumula con el tiempo. A medida que Australia empuja hacia el norte, el resultado es que el margen norte de Java se está deformando hacia abajo y se está sumergiendo. Si has sobrevolado la costa norte de Java, como he hecho yo, puedes ver que las zonas más septentrionales de la ciudad de Yakarta han sido abandonadas, en tiempos históricos, a causa de las inundaciones. Y Bert sigue teniendo que cortarse las uñas.

4. Como estoy contando este relato más como una historia que como un ejercicio científico, algunas de las cosas que diré tienen más apoyo probatorio que otras. Las circunstancias del origen de la vida son tal vez las menos

comprendidas de todo lo que voy a discutir (excepto quizás por extensas partes del capítulo 12). Esta es la parte que más se acerca a inventar la historia. Parte del problema es que la vida en sí misma es muy difícil de definir, un tema abordado por Carl Zimmer en su libro *Life's Edge* (Random House, 2020)

5. En concreto, las membranas acumulan la carga eléctrica y permiten que se disipe; así realizan un trabajo útil, como impulsar reacciones químicas. Así es como funciona básicamente una batería. Entonces, como ahora, los seres vivos funcionaban con electricidad. Es sorprendentemente potente. Dado que la diferencia de carga entre el interior y el exterior de las células es medible, pero la distancia es microscópica, la diferencia de potencial puede ser muy grande, del orden de 40-80 mV (milivoltios). Para conocer el papel de la carga eléctrica en el origen de la vida, y mucho más, véase el libro de Nick Lane *The Vital Question*.

6. Es como con los adolescentes, el aumento de su incipiente comprensión y conciencia se produce a expensas del orden en su entorno inmediato.

7. Las rocas más antiguas que aún sobreviven desde los primeros días de la Tierra tienen entre 3.800 y 4.000 millones de años, pero se conocen diminutos, pero muy robustos, cristales de un mineral llamado circón que han sobrevivido más de 4.400 millones de años, erosionados a partir de rocas aún más antiguas que, desde entonces, se han erosionado completamente hasta desaparecer. Algunos de estos antiguos circones llevan las señales —no más que el fantasma de un recuerdo de sombras vislumbradas por el rabillo del ojo— de que la vida pasó por allí hace más de 4.000 millones de años. Los seres vivos tienen una química única relacionada en gran medida con los átomos de carbono. Casi todos los átomos de carbono se presentan en una variedad, o *isótopo*, conocida como carbono-12. Una pequeña proporción de átomos de carbono son del isótopo conocido como carbono-13, que es ligeramente más pesado. El tipo de reacciones químicas que tienen lugar en los seres vivos está tan conectado que rechaza el carbono-13, por lo que está enriquecido en carbono-12, en relación con el entorno inorgánico, y esta discrepancia puede medirse. Las rocas extremadamente antiguas que contienen carbono, pero un poco menos de carbono-13 de lo esperado en relación con el carbono-12, podrían estar diciéndonos que la vida estuvo una vez presente, aunque los restos corporales reales hayan desaparecido, del mismo modo que la presencia del gato de Cheshire, que de otro modo se desvanecería, puede revelarse por su persistente sonrisa. En este tipo de pruebas se basa la afirmación de que la vida existió en la Tierra hace al menos 4.100 millones de años. Procede de un cristal de circón que incluye

una mancha de grafito de carbono con una riqueza relativa de carbono-12 que sugiere que la vida en la Tierra comenzó hace tanto tiempo, que su origen es anterior a las primeras rocas. Véase Wilde *et al.*, «Evidence from detrital zircons for the existence of continental crust and oceans on the Earth 4.4 Gyr ago», *Nature* 409, 175-178, 2001.

8. Véase E. Javaux, «Challenges in evidencing the earliest traces of life», *Nature* 572, 451-460, 2019, para un beneficioso recordatorio de los problemas de interpretación de fósiles muy antiguos.

9. En el momento de escribir estas líneas, la primera afirmación sobre la vida en la Tierra, generalmente aceptada, procede de un cuerpo de roca llamado Strelley Pool Chert en Australia, que conserva los restos, no de uno o dos fósiles, sino de todo un ecosistema de arrecife que prosperó en un océano cálido e iluminado por el sol hace unos 3.430 millones de años. Véase Allwood *et al.*, «Stromatolite reef from the Early Archaean era of Australia», *Nature* 441, 714-718, 2006. Existen otras afirmaciones que se remontan a más de 4.000 millones de años, pero son controvertidas.

10. Al menos hasta la evolución de los animales que podían alimentarse con ellos. En la actualidad, los estromatolitos solo sobreviven en aquellos raros lugares a los que los animales no pueden llegar. Uno de esos lugares es la Bahía Shark, en Australia Occidental, una masa de agua demasiado salada para que sobreviva cualquier cosa que no sea limo.

11. Esto es extraño, porque el Sol no era tan brillante entonces como lo es ahora, una circunstancia conocida como la paradoja del Sol joven y débil. Una paradoja porque la Tierra debería haber sido una bola de hielo, sin embargo, la atmósfera primitiva estaba repleta de potentes gases de efecto invernadero, como el metano, que mantenían la temperatura caliente.

12. Las causas de la Gran Oxidación siguen siendo muy debatidas. Las pruebas sugieren un período de mayor actividad que trajo gases a la superficie desde el interior profundo de la Tierra. Véase Lyons *et al.*, «The rise of oxygen in the Earth's early ocean and atmosphere», *Nature* 506, 307-315, 2014; Marty *et al.*, «Geochemical evidence for high volatile fluxes from the mantle at the end of the Archaean», *Nature* 575, 485-488, 2019; y J. Eguchi *et al.*, «Great Oxidation and Lomagundi events linked by deep cycling and enhanced degassing of carbón», *Nature Geoscience* doi:10.1038/s41561-019-0492-6, 2019.

13. Como dijo Joni Mitchell: «cuando llegamos a Woodstock éramos medio millón de personas» y, como añadió un periodista musical cansado del festival: «... y trescientos mil de nosotros buscábamos el baño».

14. Véase Vreeland *et al.*, «Isolation of a 250 million-year-old halo-tolerant bacterium from a primary salt cristal», *Nature* 407, 897-900, 2000; J. Parkes, «A case of bacterial immortality?», *Nature* 407, 844-845, 2000.

15. Es posible que esta tendencia haya sido estimulada por el trauma de la Gran Oxidación.

16. Técnicamente, las bacterias y las arqueas son tipos de organismos muy diferentes. Pero todas son pequeñas y tienen el mismo grado de organización, por lo que aquí utilizo *bacteria* como un término general para ambos tipos.

17. Véase Martijn *et al.*, «Deep mitochondrial origin outside sampled alphaproteobacteria», *Nature* 557, 101-105, 2018.

18. La fusión entre diferentes tipos de bacterias y arqueas para crear células nucleadas se ha rastreado mediante una especie de arqueología molecular que desvela los eventos de fusión (M. C. Rivera y J. A. Lake, «The Ring of Life provides evidence for a genome fusion origin of eukaryotes», *Nature* 431, 152-155, 2004; W. Martin y T. M. Embley, «Early evolution comes full circle», *Nature* 431, 134-137, 2004). La identidad de la arquea que formó el núcleo era confusa, ya que también tendría que haber tenido características de las células nucleadas que las arqueas no tienen, como un esqueleto en miniatura de fibras proteicas. Ahora se han descubierto arqueas de este tipo en sedimentos del fondo marino (Spang *et al.*, «Complex archaea that bridge the gap between prokaryotes and eukaryotes», *Nature* 521, 173-179, 2015; T.M. Embley y T. A. Williams, «Steps on the road to eucariotas», *Nature* 521, 169-170, 2015; Zaremba-Niedzwiedska *et al.*, «Asgard archaea illuminate the origin of eukaryote cellular complexity», *Nature* 541, 353-358, 2017; J. O. McInerney y M. J. O'Connell, «Mind the gaps in cellular evolution», *Nature* 541, 297-299, 2017; Eme *et al.*, «Archaea and the origin of eukaryotes», *Nature Reviews Microbiology* 15, 711-723, 2017). Tras un esfuerzo heroico, estas células se han cultivado en el laboratorio (Imachi *et al.*, «Isolation of an archaeon at the prokaryote-eukaryote interface», *Nature* 577, 519-525, 2020; C. Schleper y F. L. Sousa, «Meet the relatives of our cellular ancestor», *Nature* 577, 478-479). Curiosamente, las células son muy pequeñas, pero extienden largos filamentos que abrazan a las bacterias cercanas, algunas de las cuales las necesitan para sobrevivir; un posible precursor de la formación de células (Dey *et al.*, «On the archaeal origins of eukaryotes and the challenges of inferring phenotype from genotype», *Trends in Cell Biology* 26, 476-485, 2016).

19. Aún hoy, la mayoría de los eucariotas viven en los confines de una sola célula. Entre los eucariotas unicelulares se encuentran las amebas y los

parásitos que están presentes en cualquier estanque de jardín, así como muchos organismos que causan enfermedades, como la malaria, la enfermedad del sueño tropical y la leishmaniasis. Entre los eucariotas con cuerpos formados por muchas células pegadas se encuentran los animales, las plantas y los hongos, así como muchas algas, como las marinas, aunque los eucariotas multicelulares pasan parte de su ciclo vital como una sola célula. Tú, querido lector, procedes de una sola célula.

20. El «sexo» es totalmente distinto del «género». Al principio, los participantes producían células sexuales de tamaño más o menos similar. El «género» entró en escena cuando un «tipo de apareamiento» produjo pequeñas cantidades de células sexuales grandes, que llamamos óvulos, y el otro produjo grandes cantidades de células sexuales muy pequeñas, que llamamos *esperma*. A los productores de esperma les interesa fecundar el mayor número posible de óvulos, pero esto entra en conflicto con los intereses de los productores de óvulos, que tienden a ser mucho más exigentes en cuanto a la calidad de espermatozoides que permiten que fecunden su limitada reserva de óvulos. La guerra entre machos y hembras ha comenzado.

21. La vida multicelular ha evolucionado, muchas veces, de forma bastante independiente (véase Sebé-Pedros *et al.*, «The origin of Metazoa: a unicellular perspective», *Nature Reviews Genetics* 18, 498-512, 2017). Además de los animales, están las plantas y sus parientes cercanos, las algas verdes, varios tipos de algas rojas y marrones, y hongos variados. Sin embargo, la mayoría de los eucariotas siguen siendo unicelulares, al igual que todas las células sexuales de los eucariotas, incluidos los óvulos y los espermatozoides humanos. Por lo tanto, desde cierta perspectiva, se podría considerar la multicelularidad como un mecanismo de apoyo para permitir un aprovisionamiento más eficiente de células sexuales.

22. Este periodo de la historia de la Tierra es denominado de forma un tanto despectiva por los geólogos —que suelen quedarse en la cama si no hay un inminente apocalipsis tectónico que sacuda el mundo— como «Los mil millones de años de aburrimiento».

23. Los protistas comprenden una amplia gama de organismos unicelulares eucariotas muy diversos, que solían estar condenados a un grupo considerado basura llamado *protozoos*. Además de los organismos habituales de los estanques, como la ameba y el paramecio, este grupo incluye criaturas importantes para el sistema terrestre, como los dinoflagelados que causan las «mareas rojas», los foraminíferos y los cocolitóforos, que constituyen por sí

mismos pruebas minerales de exquisita belleza; para la medicina, los parásitos de la malaria y los tripanosomas, que causan la enfermedad del sueño, por ejemplo, y para la curiosidad y el asombro general, como el dinoflagelo *Nematodinium*, que tiene un ojo perfectamente formado con una capa parecida a la córnea, una lente y una retina (véase G. S. Gavelis, «Eye-like ocelloids are built from different endosymbiotically acquired components», *Nature* 523, 204-207, 2015). Los protistas son como los Jack Russell terriers: lo que les falta en tamaño lo compensan en personalidad.

24. Véase Strother *et al.*, «Earth's earliest non-marine eukaryotes», *Nature* 473, 505-509, 2011.

25. Los líquenes son asociaciones de algas y hongos tan íntimas que pueden reconocerse como especies distintas. Para una deliciosa disquisición sobre los líquenes, véase el libro de Merlin Sheldrake *Entangled Life: How Fungi Make Our Worlds, Change Our Minds, and Shape Our Futures* (London: The Bodley Head, 2020).

26. Véase N. J. Butterfield, «*Bangiomorpha pubescens* n. gen. n. sp.: implications for evolution of sex, multicellularity, and the Mesoproterozoic/Neoproterozoic radiation of eukaryotes», *Paleobiology* 26, 386-404, 2000.

27. Véase C. Loron *et al.*, «Early fungi from the Proterozoic era in Arctic Canada», *Nature* 570, 232-235, 2019.

28. Véase El Albani *et al.*, «Large colonial organisms with coordinated growth in oxygenated environments 2.1 Gyr ago», *Nature* 466, 100-104, 2010.

29. La tectónica de placas respira. Cada pocos cientos de millones de años, los continentes se agrupan en una única masa terrestre supercontinental, para luego volver a romperse cuando plumas de magma procedentes de las profundidades de la Tierra los perforan desde abajo, y los separan de nuevo. El supercontinente más reciente fue Pangea, que alcanzó su máxima extensión hace unos 250 millones de años. Rodinia fue el anterior; Columbia, aún más temprano; y hay evidencias de otros aún más tempranos. Todo lo que se necesita saber sobre la tectónica de placas se puede encontrar en *Supercontinent*, de mi amigo Ted Nield (London: Granta, 2007). Ted me asegura que el libro no trata de ejercicios para el suelo pélvico, como algunos podrían pensar.

2. Encuentro de animales

1. He extraído gran parte de lo aquí descrito de Lenton *et al.*, «Co-evolution of eukaryotes and ocean oxygenation in the Neoproterozoic era», *Nature Geoscience* 7, 257-265, 2014.

2. La fecha de la evolución de las esponjas es controvertida. Las espículas mineralizadas que forman los esqueletos de las esponjas rara vez, o nunca, aparecen antes del Cámbrico y los fósiles «moleculares» que se consideran diagnóstico de las esponjas podrían haber sido formados por protistas. Véase Zumberge *et al.*, «Demosponge steroid biomarker 26-methylstigmastane provides evidence for Neoproterozoic animals», *Nature Ecology & Evolution* 2, 1709-1714, 2018; J. P. Botting and B. J. Nettersheim, «Searching for sponge origins», Nature *Ecology & Evolution 2*, 1685-1686, 2018; Nettersheim *et al.*, «Putative sponge biomarkers in unicellular Rhizaria question an early rise of animals», *Nature Ecology & Evolution 3, 577-581*, 2019.

3. Véase Tatzel *et al.*, «Late Neoproterozoic seawater oxygenation by siliceous sponges», *Nature Communications* 8, 621, 2017. Uno no puede evitar pensar en el último libro de Darwin, *The Formation of Vegetable Mould through the Action of Worms (La formación del mantillo vegetal por la acción de las lombrices)*, publicado en 1881 no mucho antes de que el gran hombre muriera. Habría que esforzarse por encontrar un libro con un título con menos gancho, aunque, dicho esto, una vez encontré en las estanterías de libros enviados a *Nature* para su revisión un gran tomo titulado *Activated Sludge* (lodo activado). Pero me estoy desviando. *Worms* (como suele conocerse entre los conocedores de Darwin) muestra cómo la acción de las lombrices de tierra que revuelven el suelo puede, durante inmensos períodos, transformar un paisaje. Dado que este pequeño libro resume los grandes temas del tiempo y el cambio que han dominado la vida de Darwin con una perspectiva que puede ser entendida por todos, *Worms* es un perfecto colofón para su genio. Incluso siendo Darwin, midió los efectos de las lombrices registrando el tiempo que tardaba en hundirse una piedra colocada en su jardín trasero, por la acción de las lombrices al remover la tierra que había debajo.

4. Técnicamente, el término *plancton* se refiere a una parte del océano, en lugar de a los organismos que viven en él. El plancton es la capa superficial del océano iluminada por el sol, rica en oxígeno producido por las algas fotosintéticas, y las comunidades de animales que viven en las algas y los unos con los otros. Muchos animales que viven en el fondo del océano como adultos (incluidas las esponjas) tienen larvas que viven en el plancton.

5. Véase Logan *et al.*, «Terminal Proterozoic reorganization of biogeochemical cycles», *Nature* 376, 53-56, 1995.

6. Véase Brocks *et al.*, «The rise of algae in Cryogenic oceans and emergence of animals», *Nature* 548, 578-581, 2017.

7. La llamada fauna ediacárica recibe su nombre de la cadena de colinas del sur de Australia donde se descubrieron los primeros fósiles de esa edad. Desde entonces, se han encontrado fósiles ediacáricos en lugares dispersos por todo el mundo, desde la gélida Rusia ártica, la azotada Terranova y los desiertos de Namibia hasta el entorno relativamente tranquilo del centro de Inglaterra.

8. Ahora se cree que *Dickinsonia* era algún tipo de animal, aunque no está claro de qué tipo. Véase Bobrovskiy *et al*, «Ancient steroids establish the Ediacaran fossil *Dickinsonia* as one of the earliest animals», *Science* 361, 1246-1249, 2018.

9. Véase Fedonkin y Waggoner, «The Late Precambrian fossil *Kimberella* is a mollusc-like bilaterian organism», *Nature* 388, 868-871, 1997.

10. Véase Mitchell *et al.*, «Reconstructing the reproductive mode of an Ediacaran macro-organism», *Nature* 524, 343-346, 2015.

11. Gregory Retallack ha sugerido que algunos animales ediacarianos vivían en tierra, una afirmación que es, como mínimo, controvertida. Véase G. J. Retallack, «Ediacaran life on land», *Nature* 493, 89-92, 2013; S. Xiao y L. P. Knauth, «Fossils come in to land», *Nature* 493, 28-29, 2013.

12. Véase Chen *et al.*, «Death march of a segmented and trilobate bilaterian elucidates early animal evolution», *Nature* 573, 412-415, 2019.

13. Las partes duras de los animales están hechas invariablemente de compuestos de calcio. En las almejas, se trata de carbonato de calcio. En los animales con columna vertebral, como los peces y los seres humanos, es fosfato de calcio. Véase S. E. Peters y R. R. Gaines, «Formation of the "Great Unconformity" as a trigger for the Cambrian Explosion», *Nature* 484, 363-366, 2012.

14. Ha sido muy difícil descubrir en qué tipo de animales se formaron los esqueletos cónicos apilados llamados *Cloudina*. La rara conservación de tejido blando sugiere que fueron producidos por animales parecidos a los gusanos con intestinos pasantes: Schiffbauer *et al.*, «Discovery of bilaterian-type through-guts in cloudinomorphs from the terminal Ediacaran Period», *Nature Communications* 11, 205, 2020.

15. Véase S. Bengtson e Y. Zhao, «Predatorial borings in Late Precambrian mineralized exoskeletons», *Science* 257, 367-369, 1992.

16. Los artrópodos constituyen, con mucho, el grupo animal más exitoso. Incluye a los insectos y a sus primos marinos, los crustáceos; a los milpiés y ciempiés; a las arañas, escorpiones, ácaros y garrapatas, así como a los más oscuros picnogónidos (arañas de mar) y los xifosuros (cangrejos de herradura) y a una serie de formas extinguidas como los euriptéridos y, por supuesto, los trilobites. Primos cercanos de los artrópodos son los curiosos onicóforos o gusanos de terciopelo, hoy en día humildes criaturas de la hojarasca de los suelos de los bosques tropicales, pero que antaño tuvieron una noble historia marina; y los tardígrados, u osos de agua, pequeñas criaturas que viven entre el musgo y que resultan curiosamente entrañables a pesar de que son virtualmente indestructibles, ya que son capaces de soportar la ebullición, la congelación y el vacío del espacio. Si alguien de Marvel o DC Comics está leyendo, se perdió un truco al no inventar al Hombre Tardígrado. Ahí tienes, te lo cedo gratis.

17. El *Tamisiocaris,* un pariente del *Anomalocaris,* parece haber sido más pacífico; desarrolló cepillos en forma de flecos en sus apéndices frontales en forma de garra, adecuados para recoger el plancton, a la manera de las barbas de una ballena o de los rastrillos branquiales de un tiburón peregrino (Vinther *et al.,* «A suspension-feeding anomalocarid from the Early Cambrian», *Nature* 507, 496-499, 2014). A diferencia de muchas formas del Cámbrico, los anomalocáridos sobrevivieron hasta el Ordovícico, en el que las especies que se alimentan por filtración alcanzaron el inmenso tamaño de dos metros (Van Roy *et al.,* «Anomalocaridid trunk limb homology revealed by a giant filter-feeder with paired flaps», *Nature* 522, 77-80, 2015).

18. Tal vez sea menos cierto decir esto ahora que en la década de 1980, cuando Stephen Jay Gould escribió *Wonderful Life,* su oda al Esquisto de Burgess, un libro que puso en el foco del público esta aproximación a la vida temprana del océano. Gould sugirió que muchos de los animales de Burgess no tenían parientes cercanos entre los animales que viven actualmente.

19. Véase Zhang *et al.,* «New reconstruction of the *Wiwaxia* scleritome, with data from Chengjiang juveniles», *Scientific Reports* 5, 14810, 2015.

20. Véase Caron *et al.,* «A soft-bodied mollusc with radula from the Middle Cambrian Burgess Shales», *Nature* 442, 159-163, 2006; S. Bengtson, «A ghost with a bite», *Nature* 442, 146-147, 2006.

21. Véase M. R. Smith y J.-B. Caron, «Primitive soft-bodied cephalopods from the Cambrian», *Nature* 465, 469-472, 2010;S. Bengtson, «A little Kraken wakes», *Nature* 465, 427-428, 2010.

22. Véase, por ejemplo, Ma *et al.*, «Complex brain and optic lobes in an early Cambrian arthropod», *Nature* 490, 258-261, 2012. Esto es, por supuesto, controvertido: algunos investigadores sugieren que el sistema nervioso reconstruido de *Fuxianhuia* es más aparente que real, y que es el resultado de los halos bacterianos dejados por la descomposición de los órganos internos. Véase Liu *et al.*, «Microbial decay analysis challenges interpretation of putative organ systems in Cambrian fuxianhuiids», *Proceedings of the Royal Society of London B*, 285: 20180051. http://dx.doi.org/10.1098/rspb.2018.005.

23. Para una visión matizada de la transición entre el Ediacárico y el Cámbrico, véase Wood *et al.*, «Integrated records of environmental change and evolution challenge the Cambrian Explosion», *Nature Ecology & Evolution 3*, 528-538, 2019.

24. Aunque hay que añadir que muchos tipos de animales conocidos en la actualidad tienen registros fósiles exiguos o ausentes por completo, muchos de ellos habrán sido parásitos de cuerpo blando. El registro fósil de los nematodos, o gusanos redondos, está casi (pero no del todo) en blanco. De las tenias fósiles no hay rastro alguno.

3. Aparece la columna vertebral

1. Véase Han *et al.*, «Meiofaunal deuterostomes from the basal Cambrian of Shaanxi (China)», *Nature* 542, 228-231, 2017. Aunque el *Saccorhytus* es real, su anatomía interna descrita aquí es totalmente conjetural y gran parte de la historia más temprana de los vertebrados es objeto de debate. Uno de los puntos más debatidos es si los curiosos animales conocidos como vetulicolias —los conoceremos un poco más tarde— tenían notocordio. Para conocer la historia completa, incluidas todas las salvedades, te invito a leer mi libro *Across The Bridge: Understanding the Origin of the Vertebrates* (Chicago: University of Chicago Press, 2018).

2. Véase Shu *et al.*, «Primitive deuterostomes from the Chengjiang Lagerstätte (Lower Cambrian, China)», *Nature* 414, 419-424, 2001, al que reaccioné en un comentario adjunto: H. Gee, «On being vetulicolian», *Nature* 414, 407-409, 2001.

3. Lo he visto maravillosamente realizado en un diorama animado en 3D en el Museo de Historia Natural de Shanghai, que daba vida a la biota de Chengjiang del Cámbrico del sur de China. Entre otras muchas maravillas, mostraba un banco de vetulicolias revoloteando en aguas abiertas.

4. Esta es la interpretación favorecida por Chen *et al.* («A possible early Cambrian chordate», *Nature* 377, 720-722, 1995; «An early Cambrian craniate-like chordate», *Nature* 402, 518-522, 1999), aunque son posibles otras interpretaciones, como suele ocurrir con los fósiles extraños y antiguos. Véase, por ejemplo, Shu *et al.*, «Reinterpretation of *Yunnanozoon* as the earliest known hemichordate», *Nature* 380, 428-430, 1996.

5. Véase S. Conway Morris y J.-B. Caron, «*Pikaia gracilens* Walcott, a stem-group chordate from the Middle Cambrian of British Columbia», *Biological Reviews*, 87, 480-512, 2012.

6. Shu *et al.*, «A *Pikaia-like* chordate from the Lower Cambrian of China», *Nature* 384, 157-158, 1996.

7. Que la forma del cuerpo de los vertebrados era esencialmente una alianza incómoda entre dos regiones muy diferentes —una faringe para la alimentación y una cola para el movimiento— fue captado por Alfred Sherwood Romer en un artículo difícil y a la vez visionario, «The vertebrate as a dual animal – somatic and visceral», *Evolutionary Biology* 6, 121-156, 1972.

8. Chen *et al.*, «The first tunicate from the Early Cambrian of China», *Proceedings of the National Academy of Sciences of the United States of America* 100, 8314-8318, 2003. Los tunicados siguen siendo un grupo de animales ignorado, pero muy exitoso hasta el día de hoy. Algunos se han alejado del ciclo de vida descrito en el texto. En algunas especies, la larva llega a la madurez cuando todavía es móvil. Estas, las salpas, y los larváceos, llegaron a ser importantes en la ecología de los océanos abiertos. Los larváceos pueden ser pequeños, pero cada uno crea una intrincada «casa» de mucosidad; estas estructuras notablemente complejas son partes importantes del ciclo del carbono oceánico. Su ubicación remota y su fragilidad ha planteado inmensos desafíos para la obtención de imágenes, algo que solo ha sido posible recientemente (véase Katija *et al.*, «Revealing enigmatic mucus structures in the deep sea using DeepPIV», *Nature* 583, 78-82, 2020). Otros tunicados, sin embargo, se han convertido en colonias, con cientos o miles de animales individuales fusionados en un único superorganismo, ya sea anclado en un punto o flotando en el agua. Los pirosomas, por ejemplo,

forman enormes colonias flotantes con forma de trompeta. Aunque cada individuo es diminuto, la colonia puede ser lo suficientemente grande como para que los buceadores puedan nadar en su interior. Algunos tunicados pueden reproducirse sin sexo, por gemación. Otros tienen vidas sexuales de intrincada complejidad. La vida de un tunicado es un largo edén marino.

9. Bueno, casi todos. Algunos tunicados se han convertido en carnívoros, un modo de vida que algunas criaturas encuentran tentador, por muy aparentemente inadecuado que sea. Todo el mundo está familiarizado con las plantas carnívoras. Y, justo cuando pensabas que era seguro volver a la bañera, hay incluso esponjas carnívoras (J. Vacelet y N. Boury-Esnault, "Carnivorous sponges", *Nature* 373, 333-335, 1995).

10. Excepto los gatos.

11. En los peces (es decir, los vertebrados acuáticos), se trata del sistema de líneas laterales. En los vertebrados terrestres (es decir, los tetrápodos) se ha reducido al sistema vestibular del oído interno, cuyos movimientos nos proporcionan la sensación de estar arriba y abajo, y de dónde estamos en el entorno.

12. S. Conway Morris & J.-B. Caron, «A primitive fish from the Cambrian of North America», *Nature* 512, 419-422, 2014.

13. Shu *et al.*, «Lower Cambrian vertebrates from south China», *Nature* 402, 42-46, 1999.

14. La transformación de una faringe filtrante en un conjunto de branquias puede parecer drástica, y lo es. Sin embargo, un vertebrado la sigue llevando a cabo incluso hoy en día, y se trata de la larva de la lamprea. La larva, llamada ammocete, pasa su vida como un anfioxo, enterrada con la cola por delante en el sedimento. Con el tiempo se metamorfosea y la faringe filtrante se transforma en la faringe del depredador adulto. Las lampreas, y sus primos los mixinos (que, por lo que se sabe, no tienen fases larvarias filtrantes), son similares a los primeros peces, ya que su cuerpo es totalmente blando, sostenido por una notocorda elástica, y no tienen mandíbulas. Sus bocas están revestidas con dientes formados por una sustancia parecida a un cuerno. Las lampreas y los mixinos son notorios depredadores, lo que demuestra que la ausencia de mandíbulas no es un obstáculo para la vida de cazador.

15. Cómo los vertebrados llegaron a ser tan grandes, en términos del mecanismo que lo impulsó, es un misterio. Dos posibles respuestas, que no se excluyen mutuamente, son las siguientes. La primera es que, en algún

momento de la ascendencia de los vertebrados, el genoma (la totalidad del material genético) se duplicó y se volvió a duplicar. Aunque muchos de los genes duplicados se perdieron posteriormente, los vertebrados tienen más del doble de genes que los invertebrados. La segunda es que los vertebrados embrionarios tienen un tejido llamado *cresta neural*. La cresta neural consiste en un conjunto de células que migran desde el sistema nervioso central en desarrollo y se extienden por todo el cuerpo y discriminan —como el polvo mágico de hadas— partes del cuerpo que de otro modo no se distinguirían. Sin la cresta neural, los vertebrados no tendrían piel, cara, ojos ni orejas. La cresta neural también crea una larga lista de otras partes, desde las glándulas suprarrenales hasta partes del corazón. Es posible que el aumento de complejidad generado por la cresta neural impulsara el gran tamaño (véase Green *et al.*, «Evolution of vertebrates as viewed from the crest», *Nature* 520, 474-482, 2015). El anfioxo destaca por su ausencia de cresta neural, aunque hay indicios de ella en los tunicados (véase Horie *et al.*, «Shared evolutionary origin of vertebrate neural crest and cranial placodes», *Nature* 560, 228-232, 2018; Abitua *et al.*, «Identification of a rudimentary neural crest in a non-vertebrate chordate», *Nature* 492, 104-107, 2012).

16. El mayor invertebrado conocido es el calamar colosal (*Mesonychoteuthis hamiltoni*), se cree que tiene una masa de unos 750 kilogramos, comparable a la de un gran oso. El vertebrado más pequeño conocido en términos de longitud es probablemente el *Paedophryne amauensis*, una rana de Nueva Guinea, que mide unos 7,7 milímetros de longitud, aunque se desconoce su masa. En términos de masa, los mamíferos más pequeños son la musaraña enana de dientes blancos *Suncus etruscans* (menos de 2,6 gramos) y el murciélago moscardón *Craseonycteris thonglongyai* (menos de 2 gramos). Se necesitarían 375.000 murciélagos moscardón para compensar el peso de un calamar colosal.

17. Para una introducción al registro fósil de los primeros vertebrados, véase P. Janvier, «Facts and fancies about early fossil chordates and vertebrates», *Nature* 520, 483-489, 2015.

18. Bueno, casi. Algunos animales parecidos a las almejas, llamados *braquiópodos*, tienen conchas de fosfato de calcio. Incluso ahora los vertebrados tienen algunos tejidos endurecidos con carbonato de calcio: son los otolitos o "piedras del oído", que se encuentran en los oídos de los peces y en tus oídos internos, donde ayudan a la sensación de equilibrio.

19. Se desconoce por qué los vertebrados eligieron el fosfato de calcio en lugar del carbonato de calcio. Sin embargo, el fosfato es un nutriente vital

que, a diferencia del omnipresente carbonato, a veces escasea en el mar. Podría ser que los vertebrados utilizaran el fosfato de calcio como almacén de fosfato y como medio de defensa. El fosfato es un ingrediente esencial del material genético, el ADN. Los animales grandes con metabolismos rápidos —como los vertebrados— necesitan un mayor acceso al fosfato que los más pequeños y relajados, y esto podría haber impulsado el uso del fosfato de calcio, como almacén, además de como armadura.

20. Véase A. S. Romer, «Eurypterid influence on vertebrate history», *Science* 78, 114-117, 1933.

21. Véase Braddy *et al.*, «Giant claw reveals the largest ever arthropod», *Biology Letters* 4, doi/10.1098/rsbl.2007.0491, 2007. Resulta aleccionador pensar que el *Jaekelopterus* tenía parientes que a veces llegaban a la costa y merodeaban por los bosques nocturnos de esa época ajena: véase M. Whyte, «A gigantic fossil arthropod trackway», *Nature* 438, 576, 2005.

22. Véase M. V. H. Wilson y M. W. Caldwell, «New Silurian and Devonian fork-tailed "thelodonts" are jawless vertebrates with stomachs and deep bodies», *Nature* 361, 442-444, 1993.

23. Existe un raro defecto de nacimiento llamado ciclopía, en el que la cara tiene un solo ojo mediano, no tiene nariz y el cerebro no está dividido en mitades izquierda y derecha. Los fetos con este defecto casi siempre nacen muertos y, si no, no sobreviven más de unas horas. Esta angustiosa condición es el resultado de que el cerebro no se divide en mitades y la cara no se ensancha, y podría ser un recuerdo de las primeras etapas de la evolución facial.

24. Gai *et al.*, «Fossil jawless fish from China foreshadows early jawed vertebrate anatomy», *Nature* 476, 324–327, 2011.

25. Para una guía práctica de la evolución de los vertebrados con mandíbula, véase M. D. Brazeau and M. Friedman, «The origin and early phylogenetic history of jawed vertebrates», *Nature* 520, 490–497, 2015.

26. Los vertebrados con mandíbulas tienen dos pares de aletas, lo que hace un total de cuatro aletas, ancestros de nuestros brazos y piernas. No se sabe por qué tenemos dos pares, en lugar de tres o cuatro, o incluso ninguno. Las aletas pareadas se suman a las aletas no pareadas de la línea media, como la dorsal, la anal y la caudal, que tienen muchos peces.

27. Puede que no tuvieran dientes, pero los placodermos no se quedaban atrás en el dormitorio. Actualmente hay amplias pruebas fósiles de que los

placodermos tenían fecundación interna e incluso posiblemente nacieran vivos, como algunos tiburones actuales. Véase, por ejemplo, J. A. Long *et al.*, «Copulation in antiarch placoderms and the origin of gnathostome internal fertilization», Nature 517, 196–199, 2015.

28. Esto no significa que la evolución haya retrocedido: solo que gran parte de la historia de los placodermos queda por descubrir y presumiblemente se encuentra, aún sin alterar, en las rocas del Silúrico temprano. Lo mismo ocurre con los primeros peces óseos, encontrados en los mismos depósitos silúricos del sur de China. Para más detalles sobre el Entelognathus, véase M. Zhu *et al.*, «A Silurian placoderm with osteichthyan-like marginal jaw bones», *Nature* 502, 188–193, 2013; y M. Friedman and M. D. Brazeau, «A jaw-dropping fossil fish», *Nature* 502, 175–177, 2013.

29. Bueno, casi todos. Incluso un pez óseo tan avanzado como el celacanto conserva una notocorda durante toda su vida, como si fuera una lamprea o un mixino.

30. Los cerebros cartilaginosos de los acantodios se conservaron en muy pocas ocasiones. Sin embargo, se sabe lo suficiente de los cráneos de la forma devónica *Ptomacanthus* y de la forma pérmica *Acanthodes* como para mostrar una relación con los tiburones. Véase M. D. Brazeau, «The braincase and jaws of a Devonian "acanthodian" and modern gnathostome origins», Nature 457, 305-308, 2009; y S. P. Davis *et al.*, «*Acanthodes* and shark-like conditions in the last common ancestor of modern gnathostomes», *Nature* 486, 247–250, 2012).

31. Zhu *et al.*, «The oldest articulated osteichthyan reveals mosaic gnathostome characters», *Nature* 458, 469–474, 2009.

4. En la orilla

1. Véase Strother *et al.*, «Earth's earliest non-marine eukaryotes», *Nature* 473, 505-509, 2011

2. Véase G. Retallack, «Ediacaran life on land», *Nature* 493, 89-92, 2013.

3. En lo que ahora es el este de América del Norte.

4. El rastro se llama *Climactichnites*, su creador, probablemente algo parecido a una babosa gigante. Véase P. R. Getty y J. W. Hagadorn, «Palaeobiology of the *Climactichnites* tracemaker"» *Palaeontology* 52, 753-778, 2009.

5. Para un buen resumen de la historia temprana de la vida en la tierra, véase W. A. Shear, «The early development of terrestrial ecosystems» (*Nature* 351, 283-289, 1991).

6. Este fue el gran evento de biodiversificación del Ordovícico o GOBE (por su sigla en inglés). Para una introducción a este fecundo periodo de la historia de la vida, véase T. Servais y D. A. T. Harper, «The Great Ordovician Biodiversification Event (GOBE): definition, concept and duration», *Lethaia* 51, 151-164, 2018.

7. Véase Simon *et al.*, «Origin and diversification of endomycorrhizal fungi and coincidence with vascular land plants», *Nature* 363, 67-69, 1993.

8. Para una descripción excelente y muy detallada de las plantas de los primeros bosques, véase *Carboniferous Giants and Mass Extinction: The Late Paleozoic Ice Age World*, de George R. McGhee, Jr (Nueva York: Columbia University Press, 2018).

9. Véase Stein *et al.*, «Giant cladoxylopsid trees resolve the enigma of the Earth's earliest forest stumps at Gilboa», *Nature* 446, 904-907, 2007.

10. Esto es totalmente especulativo. Sin embargo, dado que en el Silúrico habían aparecido los placodermos avanzados e incluso miembros de grupos modernos de peces, resulta bastante verosímil.

11. Véase Zhu *et al.*, «Earliest known coelacanth skull extends the range of anatomically modern coelacanths to the Early Devonian», *Nature Communications* 3, 772, 2012.

12. Véase P. L. Forey, «Golden jubilee for the coelacanth *Latimeria chalumnae*», *Nature* 336, 727-732, 1988.

13. Véase Erdmann *et al.*, «Indonesian "king of the sea" discovered», *Nature* 395, 335, 1998.

14. El pez pulmonado australiano tiene el mayor genoma de todos los animales conocidos, catorce veces el tamaño del humano. Aunque es similar a los genomas de los tetrápodos, está lleno de basura acumulada durante su larga historia evolutiva. Véase Meyer *et al.*, «Giant lungfish genome elucidates the conquest of the land by vertebrates», *Nature* 590, 284-289, 2021.

15. Véase Daeschler *et al.*, «A Devonian tetrapod-like fish and the evolution of the tetrapod body plan», *Nature* 440, 757-763, 2006.

16. Véase Cloutier *et al.*, «*Elpistostege* and the origin of the vertebrate hand», *Nature* 579, 549-554, 2020.

17. Véase Niedzwiedzki *et al.*, «Tetrapod trackways from the early Middle Devonian period of Poland», *Nature* 463, 43-48, 2010.

18. O, por lo menos, Ursula Andress en la película el *Dr. No.*

19. Véase Goedert *et al.*, «Euryhaline ecology of early tetrapods revealed by stable isotopes», *Nature* 558, 68-72, 2018. Parece muy extraño pensar que los primeros tetrápodos, anfibios esencialmente, surgieran directamente del mar, dado que la mayoría de los anfibios con los que estamos familiarizados viven en agua dulce. Sin embargo, bastantes anfibios viven en hábitats episódicamente salados, como los manglares, incluso en la actualidad: véase G. R. Hopkins y E. D. Brodie, «Occurrence of amphibians in saline habitats: a Review and Evolutionary Perspective», *Herpetological Monographs* 29, 1-27, 2015.

20. Véase C. W. Stearn, «Effect of the Frasnian-Famennian extinction event on the stromatoporoids», *Geology* 15, 677-679, 1987.

21. Véase P. E. Ahlberg, «Potential stem-tetrapod remains from the Devonian of Scat Craig, Morayshire, Scotland», *Zoological Journal of the Linnean Society of London* 122, 99-141, 2008.

22. Véase Ahlberg *et al.*, «*Ventastega curonica* and the origin of tetrapod morphology», *Nature* 453, 1199-1204, 2008.

23. Véase O. A. Lebedev, [El primer hallazgo de un tetrápodo del Devónico en la URSS] *Doklady Akad. Nauk. SSSR.* 278: 1407-1413, 1984 (en ruso).

24. Véase Beznosov *et al.*, «Morphology of the earliest reconstructable tetrapod *Parmastega aelidae*», *Nature* 574, 527-531, 2019; N. B. Fröbisch y F. Witzmann, «Early tetrapods had an eye on the land», *Nature* 574, 494-495, 2019.

25. Véase Ahlberg *et al.*, «The axial skeleton of the Devonian tetrapod *Ichthyostega*», *Nature* 437, 137-140, 2005.

26. Véase M. I. Coates y J. A. Clack, «Fish-like gills and breathing in the earliest known tetrapod», *Nature* 352, 234-236, 1991.

27. Véase Daeschler *et al.*, «A Devonian Tetrapod from North America», *Science* 265, 639-642, 1994.

28. Véase M. I. Coates y J. A. Clack, «Polydactyly in the earliest known tetrapod limbs», *Nature* 347, 66-69, 1990.

29. Véase Clack *et al.*, «Phylogenetic and environmental context of a Tournaisian tetrapod fauna», *Nature Ecology & Evolution 1*, 0002, 2016.

30. Véase J. A. Clack, «A new Early Carboniferous tetrapod with a *mélange* of crown-group characters», *Nature* 394, 66-69, 1998.

31. Véase T. R. Smithson, «The earliest known reptile», *Nature* 342, 676-678, 1989; T. R. Smithson y W. D. I. Rolfe, «*Westlothiana* gen. nov.: naming the earliest known reptile», *Scottish Journal of Geology* 26, 137-138, 1990.

5. ¡Surgen los amniotas!

1. Véase Yao *et al.*, «Global microbial carbonate proliferation after the end-Devonian mass extinction: mainly controlled by demise of skeletal bioconstructors», *Scientific Reports* 6, 39694, 2016.

2. Véase J. A. Clack, «An early tetrapod from "Romer's Gap"»,*Nature* 418, 72-76, 2002.

3. Véase Clack *et al.*, «Phylogenetic and environmental context of a Tournaisian tetrapod fauna», *Nature Ecology & Evolution 1*, 0002, 2016.

4. Véase Smithson *et al.*, «Earliest Carboniferous tetrapod and arthropod faunas from Scotland populate Romer's Gap», *Proceedings of the National Academy of Science of the United States of America*, 109, 4532-4537, 2012.

5. Véase Pardo *et al.*, «Hidden morphological diversity among early tetrapods», *Nature* 546, 642-645, 2017.

6. Muy lento, podría haber tardado varios años.

7. Los insectos que parecen tener un solo par de alas tienen un segundo par en forma disimulada. En los escarabajos, el par de alas delanteras ha evolucionado hasta convertirse en resistentes cubiertas alares. En las moscas, el segundo par de alas se reduce a un par de órganos diminutos que giran rápidamente y sirven de giroscopios, lo que explica su legendaria maniobrabilidad y por qué son tan difíciles de golpear con un periódico enrollado.

8. Véase A. Ross, «Insect Evolution: the Origin of Wings», *Current Biology* 27, R103-R122, 2016. Lamentablemente, los paleodictiópteros ya no están entre nosotros: se extinguieron a finales del Pérmico, junto con los bosques que los alimentaban.

9. Agradezco y recomiendo la lectura de *Carboniferous Giants and Mass Extinction* de George McGhee, Jr (Columbia University Press, 2018) por sus vívidas y detalladas descripciones de la vida en los grandes bosques de carbón.

10. Una impresionante ventana a la vida en el Carbonífero temprano, en los inicios de los grandes bosques de carbón, proviene de una cantera de piedra caliza en East Kirkton, cerca de Edimburgo, Escocia. Hace unos 330 millones de años estaba cerca del Ecuador, y ha proporcionado notables restos de los primeros anfibios, amniotas (y sus parientes cercanos), así como artrópodos, milpiés, escorpiones, la primera araña cosechadora conocida y fragmentos de euriptéridos gigantes. Este tesoro se debe a las inusuales condiciones geológicas: la zona era geológicamente activa, con manantiales de agua caliente —que debían de ser poco propicios para la vida acuática— y volcanes cercanos activos que de vez en cuando lo cubrían todo de ceniza caliente. Al mismo tiempo, había una gran cantidad de lodo negro, viscoso y sin oxígeno en el que las criaturas podían conservarse casi intactas. No había peces. Sobre la geología y para tener una visión general, véase Wood *et al.*, «A terrestrial fauna from the Scottish Lower Carboniferous», *Nature* 314, 355-356, 1985; A. R. Milner, «Scottish window on terrestrial life in the early Carboniferous», *Nature* 314, 320-321, 1985). Aparte del *Westlothiana* casi amniótico, y de muchas otras formas, el East Kirkton ha producido un bafétido —miembro de un grupo de animales que no era ni amniótico ni anfibio, lo que ilustra el hecho de que, en aquella época, era difícil, con solo mirarlos, averiguar qué criatura pertenecía a cada grupo. Y no sabemos cuál ponía qué tipo de huevo, o si había alguna forma de transición entre el huevo de anfibio y el de amniota—. Esa criatura fue bautizada, en referencia a su entorno, como *Eucritta melanolimnetes*, la Criatura de la Laguna Negra (J. A. Clack, «A new early Carboniferous tetrapod with a mélange of crown-group characters», *Nature* 394, 66-69, 1998).

11. Aunque me he desviado hacia la especulación, los anfibios modernos han adoptado todas estas estrategias, y más, por lo que es razonable sugerir que sus parientes extintos hicieron lo mismo.

12. Los humanos no ponemos huevos, pero conservamos las distintas membranas, incluido el amnios. Este es el saco en el que se desarrolla el feto.

Cuando una mujer embarazada anuncia que *ha roto aguas*, se trata de la rotura de la bolsa amniótica, a la que pronto sigue la eclosión. O, en nuestro caso, el nacimiento.

13. Incluso las cáscaras de los huevos de dinosaurio eran coriáceas; al igual que los mayores huevos fósiles conocidos, posiblemente puestos por un reptil marino. Véase Norell *et al.*, «The first dinosaur egg was soft», *Nature* doi. org/10.1038/s41586-020-2412-8, 2020; Legendre *et al*, «A giant soft-shelled egg from the Late Cretaceous of Antarctica», *Nature* doi.org/10.1038/s41586-020-2377-7, 2020; J. Lindgren y B. P. Kear, «Hard evidence from soft fossil eggs», *Nature* doi.org/10.1038/d41586-020-01732-8, 2020.

14. Para conocer muchos más detalles sobre la formación de Pangea y sus consecuencias, especialmente el colapso de casi toda la vida al final del Pérmico, véase el libro de Ted Nield *Supercontinent* (Londres: Granta, 2007) y When Life Nearly Died (Londres: Thames & Hudson, 2003) de Michael J. Benton.

15. Véase Sahney *et al.*,»Rainforest Collapse triggered Carboniferous tetrapod diversification in Euramerica», *Geology* 38, 1079-1082, 2010.

16. Véase M. Laurin y R. Reisz, «*Tetraceratops* is the earliest known therapsid», *Nature* 345, 249-250, 1990.

17. Totalmente distinto de los *terópodos* (theropsids) y de los *terapeutas* (therapists).

18. Las plumas de magma son diferentes de los habituales choques y deslizamientos laterales de la deriva continental. Surgen en las profundidades de la Tierra, donde el manto terrestre se une al núcleo. Las anomalías locales de temperatura hacen que el magma ascienda hasta que se encuentra con la corteza, a la que funde. Varias características notables de la Tierra actual están causadas por plumas de magma, como la isla de Islandia (donde la pluma coincide con un centro de expansión oceánica) y Hawái (donde la pluma afloró en el centro de una placa tectónica). Las plumas duran millones de años, pero no siempre están activas. Esto significa que una pluma estática debajo de una placa tectónica en movimiento puede crear una cadena de islas de edades sucesivamente más antiguas, como la aguja de una máquina de coser que crea una cadena de puntadas en una pieza de tela en movimiento. Por ejemplo, la placa del Pacífico se ha desplazado lentamente hacia el noroeste a través de la pluma del manto y ha creado una cadena de islas que son sucesivamente más antiguas cuanto más alejadas están del punto caliente de la pluma. Esto significa que la Gran Isla de Hawái, en el extremo sureste

de la cadena, se encuentra frente a la pluma y sigue siendo volcánicamente activa; los volcanes de las islas del noroeste, como Maui y Oahu, están inactivos o extinguidos, y las islas se vuelven progresivamente más pequeñas y más erosionadas a medida que se avanza hacia el noroeste, para acabar siendo solo pequeños atolones, como Laysan y Midway, en los extremos. Estas últimas islas fueron en su día tan grandes y espectaculares como la propia Hawái, pero la placa en movimiento, tras encontrarse con la pluma, sigue adelante, dejando que el clima y el tiempo degraden la evidencia de su paso. La Gran Isla se irá degradando lentamente, a medida que la placa siga derivando hacia el noroeste y la actividad volcánica se concentrará en el creciente monte submarino Lo'ihi, de unos 975 metros, bajo las olas de la costa sureste de la Gran Isla.

19. Se trata del fenómeno conocido como «blanqueamiento del coral», observado hoy en día como consecuencia del actual aumento de la concentración de dióxido de carbono en la atmósfera.

20. Todos los arrecifes de coral modernos están formados por otro tipo de coral pétreo, que evolucionó en el Triásico. Los corales rugosos y tabulados —su diversidad, y la diversidad que albergaban— no son más que recuerdos fosilizados.

21. Grasby *et al.*, «Toxic mercury pulses into late Permian terrestrial and marine environments», *Geology* doi.org/10.1130/G47295.1, 2020.

22. Las estrellas con plumas son las formas de vida libre de los lirios de mar, o crinoideos, que actualmente se encuentran principalmente en aguas profundas.

23. La historia de *Miocidaris*, el último género de erizo de mar, la cuenta Erwin, en «The Permo-Triassic Extinction», *Nature* 367, 231-236, 1994.

6. Parque triásico

1. Los dinosaurios, que evolucionaron hacia el final del Triásico, siempre ocupan el primer lugar en cualquier debate sobre la vida prehistórica. Es una lástima, ya que la gama de formas de reptiles que vivieron en el Triásico era, en todos los sentidos —excepto en el tamaño bruto— igual a los dinosaurios en diversidad y, desde nuestra perspectiva, en extrañeza. Esto se refleja en el hecho de que los libros sobre dinosaurios cuestan dos céntimos, mientras que las obras sobre el Triásico son mucho más escasas. Me refiero especialmente

al magistral tratado de Nicholas Fraser, ilustrado por Douglas Henderson, que ahora es muy difícil de conseguir, y cuyo título *Life In The Triassic* tuvo que ser relegado a la categoría de subtítulo, para que pudiera ser promocionado de modo convincente, como *Dawn of the Dinosaurs* (Bloomington: Indiana University Press, 2006). Conseguí mi ejemplar de segunda mano. El libro se había eliminado de la biblioteca pública de Pinellas Park, Florida. Apuesto a que todavía en la biblioteca hay estanterías que crujen por el peso de libros sobre dinosaurios.

2. Véase Li *et al.*, «An ancestral turtle from the Late Triassic of southwestern ChinaE, *Nature* 456, 497-501, 2008; Reisz y Head, «Turtle origins out to sea», *Nature* 456, 450-451, 2008.

3. Véase R. Schoch y H.-D. Sues, «A Middle Triassic stem-turtle and the evolution of the turtle body plan», *Nature* 523, 584-587, 2015. Una reevaluación reciente promueve la idea de que es más probable que el *Pappochelys* fuera un excavador en tierra que un nadador en el mar: véase Schoch *et al.*, «Microanatomy of the stem-turtle *Pappochelys rosinae* indicates a predominantly fossorial mode of life and clarifies early steps in the evolution of the Shell», *Scientific Reports* 9, 10430, 2019.

4. Véase Li *et al.*, «A Triassic stem turtle with an edentulous beak», *Nature* 560, 476-479, 2018.

5. Véase Neenan *et al.*, «European origin of placodont marine reptiles and the evolution of crushing dentition in Placodontia», *Nature Communications* 4, 1621, 2013.

6. Si crees que me lo estoy inventando, solo tendrías razón en parte. La anatomía de los drepanosaurios desafía cualquier descripción. Se les ha considerado nadadores, trepadores de árboles con colas prensiles, excavadores y, con cráneos extrañamente parecidos a los de las aves, parientes primitivos de ellas.

7. Véase, por ejemplo, Chen *et al.*, «A small short-necked hupehsuchian from the Lower Triassic of Hubei Province, China», *PLoS ONE* 9, e115244, 2014.

8. Véase E. L. Nicholls y M. Manabe, «Giant ichthyosaurs of the Triassic – a new species of *Shonisaurus* from the Pardonet Formation (Norian: Late Triassic) of British Columbia», *Journal of Vertebrate Paleontology* 24, 838-849, 2004.

9. Véase Simões *et al.*, «The origin of squamates revealed by a Middle Triassic lizard from the Italian Alps», *Nature* 557, 706-709, 2018.

10. Véase Caldwell *et al.*, «The oldest known snakes from the Middle Jurassic-Lower Cretaceous provide insights on snake evolution», *Nature Communications* 6, 5996, 2015.

11. Véase M. W. Caldwell y M. S. Y. Lee, «A snake with legs from the marine Cretaceous of the Middle East», *Nature* 386, 705-709, 1997.

12. Véase S. Apesteguía y H. Zaher, «A Cretaceous terrestrial snake with robust hindlimbs and a sacrum«, *Nature* 440, 1037-1040, 2006.

13. El ancestro común de los dinosaurios y los pterosaurios podría haber sido un animal bastante pequeño, lo que podría explicar la tendencia a la sangre caliente, así como el hecho de que fueran mullidos, carcterísticas observadas en ambos grupos. Véase Kammerer *et al.*, «A tiny ornithodiran archosaur from the Triassic of Madagascar and the role of miniaturization in dinosaur and pterosaur ancestry», *Proceedings of the National Academy of Sciences of the United States of America* doi.org/10.1073/pnas.1916631117, 2020. Sin embargo, descubrir las raíces del linaje de los pterosaurios en particular ha sido un reto. Los primeros pterosaurios aparecen en el registro fósil completamente formados. Sin embargo, el descubrimiento de pequeños arcosaurios bípedos, llamados lagerpeton, es una pista sobre su ascendencia. Es evidente que no pudieron volar, pero comparten detalles de su anatomía cerebral y de las muñecas exclusivamente con los pterosaurios, lo que sugiere que los lagerpeton estaban más relacionados con los pterosaurios que con otros animales. Véase Ezcurra *et al.*, «Enigmatic dinosaur precursors bridge the gap to the origin of Pterosauria», *Nature* 588, 445-449, 2020; y K. Padian, «Closest relatives found for pterosaurs, the first flying vertebrates», *Nature* 588, 400-401, 2020.

14. Esto está narrado en un maravilloso artículo de C. D. Bramwell y G. R. Whitfield titulado: «Biomechanics of *Pteranodon*», publicado originalmente en 1984 en *Philosophical Transactions of the Royal Society of London B*, 267, http://doi.org/10.1098/rstb.1974.0007. Cuando era estudiante en la Universidad de Leeds, a principios de los años ochenta, mi profesor, Robert McNeill Alexander, me encargó un proyecto de investigación en la biblioteca sobre reptiles voladores. Alexander era el mayor experto en biomecánica —la ciencia del movimiento de los animales—, así que mi disertación estaba repleta de temas de aerodinámica: sustentación, resistencia, polares de planeo, vuelo en pendiente y efecto suelo. Fue Alexander quien me indicó el clásico artículo de Bramwell y Whitfield.

15. Los murciélagos, los únicos mamíferos existentes que vuelan en lugar de simplemente planear, tampoco tienen pechos en forma de quilla como los de las aves.

16. Véase S. J. Nesbitt *et al.*, «The earliest bird-line archosaurs and the assembly of the dinosaur body plan», *Nature* 544, 484-487, 2017.

17. El primer silesaurio fue *el Asilisaurus*, del Triásico Medio de Tanzania. Véase Nesbitt *et al.*, «Ecologically distinct dinosaurian sister group shows early diversification of Ornithodira», *Nature* 464, 95-98, 2010.

18. Véase Sereno *et al.*, «Primitive dinosaur skeleton from Argentina and the early evolution of Dinosauria», *Nature* 361, 64-66, 1993.

7. Dinosaurios en vuelo

1. Para un examen detallado de la biomecánica implicada en la transición de la marcha bípeda al vuelo, véase Allen *et al.*, «Linking the evolution of body shape and locomotor biomechanics in bird-line archosaurs», *Nature* 497, 104-107, 2013.

2. Véase J. F. Bonaparte y R. A. Coria, «Un nuevo y gigantesco sauropodo titanosaurio de la Formacion Rio Limay (Albiano-Cenomaniano) de la Provincio del Neuquen, Argentina», *Ameghiniana* 30, 271-282, 1993.

3. Véase R. A. Coria y L. Salgado, «A new giant carnivorous dinosaur from the Cretaceous of Patagonia», *Nature* 377, 224-226, 1995.

4. Para moverse y hacer algo más que una lenta caminata, *el Tyrannosaurus rex* habría necesitado unas extremidades posteriores increíblemente grandes: los músculos extensores de sus piernas tendrían que haber tenido el 99 % de la masa de todo el animal, y esa cifra atañe a cada pierna, no a ambas. Véase J. R. Hutchinson y M. Garcia, «*Tyrannosaurus* was not a fast runner», *Nature* 415, 1018-1021, 2002.

5. Véase Erickson *et al.*, «Bite-force estimation for *Tyrannosaurus rex* from tooth-marked bones», *Nature* 382, 706-708, 1996; P. M. Gignac y G. M. Erickson, «The biomechanics behind extreme osteophagy in *Tyrannosaurus rex*», *Scientific Reports* 7, 2012, 2017.

6. Se han encontrado heces fosilizadas, o coprolitos, de gigantescos dinosaurios carnívoros, probablemente el *Tyrannosaurus rex*. Uno de ellos mide 44 centímetros de largo por 13 de ancho y 16 centímetros de espesor, tiene una masa de más de 7 kilogramos, hasta la mitad consiste en fragmentos de hueso. Véase Chin *et al.*, «A king-sized theropod coprolite», *Nature* 393, 680-682, 1998.

7. Véase Schachner *et al.*, «Unidirectional pulmonary airflow patterns in the savannah monitor lizard», *Nature* 506, 367-370, 2014.

8. Véase, por ejemplo, P. O'Connor y L. Claessens, «Basic avian pulmonary design and flow-through ventilation in non-avian theropod dinosaurs», *Nature* 436, 253-256, 2005, que informa cómo los sacos de aire penetraban en los huesos largos del *Majungatholus atopus*, un dinosaurio carnívoro que vivió en lo que hoy es Madagascar.

9. Imagina un terrón de azúcar que mide un centímetro por cada lado. Su volumen será de $1 \times 1 \times 1 = 1$ centímetro cúbico. Un cubo tiene seis caras de igual superficie, por lo que la superficie de nuestro terrón de azúcar será de $6 \times 1 \times 1 = 6$ centímetros cuadrados, una proporción de 6:1. Ahora, imagina un terrón de azúcar que mide dos centímetros por cada lado. El volumen ha aumentado a $2 \times 2 \times 2 = 8$ centímetros cúbicos, pero la superficie será de $6 \times 2 \times 2 = 24$ centímetros cuadrados, una relación de 24:8, o sea 3:1. En resumen, al duplicar el tamaño unitario del cubo, la superficie se ha reducido a la mitad en relación con el volumen.

10. Considera: la superficie total de un ser humano en el exterior es de entre 1,5 y 2 metros cuadrados, pero la superficie de un par de pulmones humanos es de entre 50 y 75 metros cuadrados.

11. Este fenómeno, conocido como gigantotermia, se ha utilizado para explicar cómo animales grandes y ostensiblemente de sangre fría, como las tortugas laúd —que pueden tener una masa de más de 900 kilogramos—, consiguen mantenerse calientes incluso cuando nadan por mares fríos. Véase Paladino *et al.*, «Metabolism of leatherback turtles, gigantothermy, and thermoregulation of dinosaurs», *Nature* 344, 858-860, 1990.

12. Para una discusión muy iluminadora sobre este tema, véase Sander *et al.*, «Biology of the sauropod dinosaurs: the evolution of gigantism», *Biological Reviews of the Cambridge Philosophical Society* 86, 117-155, 2

13. El pelaje de los pterosaurios podría ser, de hecho, también una variedad de plumaje: véase Yang *et al.*, «Pterosaur integumentary structures with complex feather-like branching», *Nature Ecology & Evolution* 3, 24-30, 2019.

14. Si no son plumas, es pelo; o, si llevan una vida principalmente en el mar, grasa. Los mamíferos marinos, como las ballenas y las focas, tienen una gruesa capa de grasa que aísla el núcleo y presenta una forma aerodinámica, suaviza los bultos y protuberancias. Ahora se sabe que los reptiles marinos extintos conocidos como ictiosáuridos, que se parecían mucho a los delfines

modernos, tenían capas de grasa, presumiblemente por las mismas razones. Véase Lindgren *et al.*, «Soft-tissue evidence for homeothermy and crypsis in a Jurassic ichthyosaur», *Nature* 564, 359-365, 2018.

15. Véase Zhang *et al.*, «Fossilized melanosomes and the colour of Cretaceous dinosaurs and birds2, *Nature* 463, 1075-1078, 2010; Xu *et al.*, «Exceptional dinosaur fossils show ontogenetic development of early feathers», *Nature* 464, 1338-1341, 2010; Li *et al*, «Melanosome evolution indicates a key physiological shift within feathered dinosaurs», *Nature* 507, 350-353, 2014; Hu *et al.*, «A bony-crested Jurassic dinosaur with evidence of iridescent plumage highlights complexity in early paravian evolution», *Nature Communications* 9, 217, 2018.

16. La situación es diferente en el mar, donde el agua permite sostener cuerpos mucho más grandes que en tierra firme y se favorece la cría de animales vivos, ya que volver a la costa para poner huevos, como hacen las tortugas, es extremadamente arriesgado. Esto puede explicar por qué los primeros vertebrados con mandíbula, los placodermos, eran vivíparos, y el hábito se observa en muchos peces, como los tiburones. Los ictiosaurios, los amniotas que volvieron al mar en el Triásico y que se parecían mucho a las ballenas, tenían crías vivas. Las propias ballenas son, por supuesto, vivíparas, como casi todos los mamíferos, y evolucionaron hasta convertirse en los mayores animales conocidos, han eclipsado, incluso, a los mayores dinosaurios.

17. El *Kayentatherium*, procedente del Jurásico temprano de Arizona, era un trilodonto, un miembro de un grupo de terápsidos tardíos que estaba muy cerca de ser un mamífero sin llegar a serlo. Aunque es muy probable que haya sido peludo, es casi seguro que puso huevos. Una sola camada de *Kayentatherium* podía contener al menos treinta y ocho individuos, mucho más que cualquier camada de mamíferos. Véase Hoffman y Rowe, «Jurassic stem-mammal preinates and the origin of mammalian reproduction and growth», *Nature* 561, 104-108 (2018).

18. Véase Schweitzer *et al.*, «Gender-specific reproductive tissue in ratites and *Tyrannosaurus rex*», *Science* 308, 1456-1460, 2005; Schweitzer *et al.*, «Chemistry supports the identification of gender-specific reproductive tissue in *Tyrannosaurus rex*», *Scientific Reports* 6, 23099, 2016.

19. Véase G. E. Erickson *et al.*, «Gigantism and comparative life history parameters of tyrannosaurid dinosaurs», *Nature* 430, 772-775 (2004).

20. Cargar con crías hubiera sido un grave obstáculo para el vuelo de las aves. Quizá no sea una coincidencia que los pterosaurios, los primos

voladores de los dinosaurios, también pusieran huevos (véase Ji *et al.*, «Pterosaur egg with a leathery Shell», *Nature* 432, 572, 2004), y que desarrollaran un aislamiento similar al de las plumas y un armazón aéreo muy ligero.

21. Las aves acuáticas, como los cisnes y los gansos, despegan de esta manera, y se puede ver que otras aves —solo un poco más grandes— no serían capaces de elevarse en el aire de esta manera. Así es como lo hacen también los aviones, sin aleteo, y es la razón por la que los grandes aviones tienen enormes motores capaces de un empuje increíble. Se necesita mucha energía para hacer volar un jumbo. Por supuesto, cada vez que vemos un avión de pasajeros en vuelo, sabemos que no hay física que pueda poner en el aire una estructura tan grande. Los aviones vuelan solo porque creemos que pueden hacerlo. Si dejáramos de creer, se desplomarían del cielo. Eso es lo que realmente pienso. Pero no se lo digas a nadie. Es nuestro pequeño secreto, ¿vale?

22. Tim White me recuerda que algunas hormigas sin alas, aunque son muy pequeñas y podrían considerarse como parte del aeroplancton a la deriva, pueden, en cierto modo, planear. Véase Yanoviak *et al.*, «Aerial manoeuvrability in wingless gliding ants (*Cephalotes atratus*)», *Proceedings of the Royal Society of London B*, 277, 2010, https://doi.org/10.1098/rspb.2010.0170.

23. Véase, por ejemplo, Meng *et al.*, «A Mesozoic gliding mammal from northeastern China», *Nature* 444, 889-893, 2006.

24. Los paracaidistas más pequeños, sin embargo, utilizan hilos y pelos en lugar de láminas continuas en forma de ala. Uno piensa en las arañas, que utilizan largos hilos para transportarse por el aire, o en las semillas peludas que los jóvenes enamorados han soplado desde tiempos inmemoriales como el diente de león. Cada semilla de diente de león puede ser transportada a lo largo de kilómetros con un tallo que termina en un penacho parecido al cepillo de un deshollinador. En lugar de intentar atrapar todo el aire debajo de él, el penacho deja pasar la mayor parte, y aquí es donde ocurre la magia. El flujo de aire que pasa por el penacho se vuelve turbulento y forma una especie de anillo de humo sobre él. Este anillo, con la forma de un donut apretado de lado a lado, es una zona de bajas presiones, un ciclón en miniatura, un centro de tormenta en pequeño. Literalmente, succiona al penacho hacia arriba, y reduce su velocidad de descenso. Véase Cummins *et al.*, «A separated vortex ring underlies the flight of the dandelion», *Nature* 562, 414-418, 2018.

25. Las primeras etapas del antiguo paracaidismo se han estudiado en gatos modernos en el hábitat más contemporáneo de la fauna: Manhattan. Los veterinarios de Nueva York están familiarizados con un patrón de lesiones felinas conocido como *síndrome de las alturas*, que sufren los gatos aventureros que caen de las ventanas altas. Los veterinarios neoyorquinos han trazado la gravedad de las lesiones de los felinos en función de la altura desde la que han caído en cada caso. Las lesiones tienden a ser más graves a medida que se avanza desde el suelo hacia arriba, pero llega a haber un punto por encima del cual las lesiones de los gatos son menos graves, no más. Los veterinarios citan un caso de un gato que se cayó de una altura de treinta y dos pisos y salió de allí sin más que lesiones leves en el pecho, un diente y su dignidad. No en vano, los gatos tienen unas proverbiales nueve vidas. Lo que parece ocurrir es que cuando un gato cae, sus músculos se relajan y sus patas se extienden lateralmente, formando una especie de paracaídas. El gato puede sufrir lesiones en la mandíbula y el tórax, pero aún puede vivir. Véase W. O. Whitney y C. J. Mehlhaff, «High-rise syndrome in cats», *Journal of the American Veterinary Medical Association*, 192, p. 542, 1988.

26. Véase F. E. Novas y P. F. Puertat, «New evidence concerning avian origins from the Late Cretaceous of Patagonia», Nature387, 390–392, 1997.

27. Véase Norell *et al.*, «A nesting dinosaur», *Nature* 378, 774-776, 1995.

28. Véase, por ejemplo, Xu *et al.*, «A therizinosauroid dinosaur with integumentary structures from China», *Nature* 399, 350-354, 1999, que describe estructuras similares a plumas en el *Beipaiosaurus*, uno de los muy extraños therizinosaurios. Estos eran terópodos extraños y desgarbados que se habían convertido en herbívoros, y habrían sido tan aerodinámicos como un bloque de hormigón. Véase también Xu *et al.*, «A gigantic bird-like dinosaur from the Late Cretaceous of China», *Nature* 447, 844-847, 2007, sobre el *Gigantoraptor*, un monstruo de 8 metros y 1.400 kilos que pertenecía a los oviraptorosauridos, por lo demás ágiles y parecidos a las aves. Esta criatura ciertamente no habría volado. Se desconoce si tenía plumas.

29. Ken Dial, de la Universidad de Montana, estudió cómo los polluelos de una especie de perdiz, llamada chucar, utilizan sus alas para ayudarse a subir pendientes muy pronunciadas, un tipo de locomoción llamado «carrera inclinada asistida por las alas», que habría sido útil para que un animal pequeño e indefenso pudiera escapar de los depredadores. Véase Dial *et al.*, «A fundamental avian wing-stroke provides a new perspective on the evolution of flight», *Nature* 451, 985-989, 2008.

30. Xu *et al.*, «The smallest known non-avian theropod dinosaur», *Nature* 408, 705-708, 2000; Dyke *et al.*, «Aerodynamic performance of the feathered dinosaur *Microraptor* and the evolution of feathered flight», *Nature Communications* 4, 2489, 2013.

31. Hu *et al.*, «A pre-Archaeopteryx troödontid theropod from China with long feathers on the metatarsus», *Nature* 461, 640-643, 2009.

32. Véase F. Zhang *et al.*, «A bizarre Jurassic maniraptoran from China with elongate, ribbon-like feathers», *Nature* 455, 1105-1108, 2008.

33. Véase Xu *et al.*, «A bizarre Jurassic maniraptoran theropod with preserved evidence of membranous wings», *Nature* 521, 70-73, 2015; y Wang *et al.*, «A new Jurassic scansoriopterygid and the loss of membranous wings in theropod dinosaurs», Nature 569, 256–259, 2019.

34. Por cierto, no se conocen murciélagos no voladores en los que el vuelo sea secundario, aunque los mistacínidos de Nueva Zelanda viven la mayor parte del tiempo en el suelo. A menos que se cuente con las posibles reconstrucciones de algunos pterosaurios gigantes como no voladores, tampoco se conocen pterosaurios no voladores en los que el vuelo sea secundario.

35. Véase Field *et al.*, «Complete *Ichthyornis* skull illuminates mosaic assembly of the avian head», *Nature* 557, 96-100, 2018.

36. Véase Altangerel *et al.*, «Flightless bird from the Cretaceous of Mongolia», *Nature* 362, 623-626, 1993, para el descubrimiento de la primera de estas rarezas, *Mononykus*; y Chiappe *et al.*, «The skull of a relative of the stem-group bird *Mononykus*», *Nature* 392, 275-278, 1998, para el descubrimiento de otra, *Shuvuuia*, y demostrar que la primera no fue una casualidad.

37. Véase Field *et al.*, «Late Cretaceous neornithine from Europe illuminates the origins of crown birds», *Nature* 579, 397-401, 2020, y el comentario adjunto de K. Padian, «Poultry through time», *Nature* 579, 351-352, 2020. Otra ave del Cretácico que puede ser un representante temprano de las aves acuáticas es el *Vegavis*, de la Antártida: véase Clarke *et al.*, «Definitive fossil evidence for the extant avian radiation in the Cretaceous», *Nature* 433, 305-308, 2005. *Vegavis* tenía una siringe bien desarrollada (Clarke *et al.*, «Fossil evidence of the avian vocal organ from the Mesozoic», *Nature* 538, 502-505, 2016; P. M. O'Connor, «Ancient avian aria from Antarctica», *Nature* 538, 468-469, 2016), el órgano vocal distintivo de las aves que produce desde el

graznido de un ganso hasta el trino de los ruiseñores que, según la leyenda, se puede escuchar en Berkeley Square, pero solo cuando los ángeles cenan en el Ritz.

38. Nótese el *casi*, pues la biología atesora sus excepciones. Hay al menos un registro de un dinosaurio ceratopsiano de Europa. Véase, por ejemplo, Ösi *et al.*, «A Late Cretaceous ceratopsian dinosaur from Europe with Asian affinities», *Nature* 465, 466-468, 2010; Xu, «Horned dinosaurs venture abroad», *Nature* 465, 431-432, 2010.

39. Véase Sander *et al.*, «Bone histology indicates insular dwarfism in a new Late Jurassic sauropod dinosaur», *Nature* 441, 739-741, 2006.

40. Véase Buckley *et al.*, «A pug-nosed crocodyliform from the Late Cretaceous of Madagascar», *Nature* 405, 941-944, 2000.

41. Véase M. W. Frohlich y M. W. Chase, «After a dozen years of progress the origin of angiosperms is still a great mystery», *Nature* 450, 1184-1189, 2007.

42. Véase, por ejemplo, Rosenstiel *et al.*, «Sex-specific volatile compounds influence microarthropod-mediated fertilization of moss», *Nature* 489, 431-433, 2012.

43. Se puede ver en Io y Europa, ambas lunas de Júpiter, pero bastante diferentes. La superficie de Io está constantemente resurgiendo por la actividad volcánica; la de Europa, por el hielo que se filtra desde un océano subterráneo.

44. Véase Bottke *et al.*, «An asteroid breakup 160 Myr ago as the probable source of the K/T impactor», *Nature* 449, 48-53, 2007; P. Claeys y S. Goderis, «Lethal billiards», *Nature* 449, 30-31, 2007.

45. Véase Collins *et al.*, «A steeply inclined trajectory for the Chicxulub impact», *Nature Communications* 11, 1480, 2020.

46. Los últimos ictiosaurios expiraron unos millones de años antes, y así evitaron todo el alboroto apocalíptico.

47. Véase Lowery *et al.*, «Rapid recovery of life at ground zero of the end-Cretaceous mass extinction», *Nature* 558, 288-291, 2018.

8. Esos magníficos mamíferos

1. Véase J. A. Clack, «Discovery of the earliest-known tetrapod stapes», *Nature* 342, 425-427, 1989; A. L. Panchen, «Ears and vertebrate evolution», *Nature* 342, 342-343, 1989; J. A. Clack, «Earliest known tetrapod braincase and the evolution of the stapes and fenestra ovalis», *Nature* 369, 392-394, 1994. El oído medio del pariente del *Acanthostega*, el *Ichthyostega*, parece haberse modificado en una especie de órgano auditivo acuático diferente a todo lo visto en la evolución (Clack *et al.*, «A uniquely specialzed ear in a very early tetrapod», *Nature* 425, 65-69, 2003).

2. Mientras que el espiráculo conducía el agua hacia dentro y hacia fuera, y comunicaba el mundo exterior y la cavidad bucal, el tímpano formaba una barrera que definía los límites exteriores del oído medio. Sin embargo, el oído medio mantenía una conexión con la cavidad bucal. Se puede sentir cada vez que se traga: la acción iguala la presión entre el oído medio y el mundo exterior, a través de una conexión llamada trompa de Eustaquio. Por eso el sonido es borroso cuando se tiene un resfriado. La trompa de Eustaquio se llena de mucosidad, lo que dificulta la igualación de la presión, por lo que el tímpano funciona con menos eficacia. También explica por qué ascender y descender en un avión puede ser tan doloroso. Incluso en una cabina presurizada, los cambios bruscos de presión atmosférica son suficientes para poner el tímpano en tensión, por lo que es buena idea tragar, empujando el aire a través de la trompa de Eustaquio y despejando cualquier obstrucción. Sonarse la nariz tiene el mismo efecto. En los seres humanos adultos, la trompa de Eustaquio está inclinada hacia abajo desde el oído medio hasta la parte posterior de la garganta, por lo que la mucosidad sale de forma natural. En los niños pequeños, sin embargo, la trompa de Eustaquio está más o menos horizontal. Los niños pequeños son adorables vectores de contagio con sus mocos —el moco queda atrapado en la trompa de Eustaquio, lo que provoca un fenómeno conocido como *oído pegajoso*, que puede tratarse haciendo pequeños agujeros en el tímpano. Estos agujeros se curan y, para entonces, el niño habrá superado el problema.

3. El macho del pájaro campanero blanco (*Procnias albus*) de la Amazonia brasileña es el que más ruidos emite de todas las aves que se posan y lo hace cuando se acerca a la hembra que pretende cortejar. La desventurada enamorada experimenta una presión sonora de 125 decibelios. (J. Podos y M. Cohn-Haft, «Extremely loud mating songs at close range in white bellbirds», *Current Biology* doi.org/10.1016/j.cub.2019.09.028, 2019). En los humanos, esto es lo suficientemente fuerte como para ser doloroso. El *Libro Guinness de*

los récords informó de niveles de presión sonora de 117 dB durante un concierto de mi banda favorita, Deep Purple, en el Rainbow Theatre de Londres en 1972, durante el cual tres miembros del público se desmayaron. Al parecer, el récord ha sido superado, aunque como el *Libro Guinness de los récords* ya no informa de tales hazañas, la mayoría de los informes posteriores (como los 136 dB en un concierto de Kiss en Ottawa en 2009) no son oficiales. Sin embargo, dado que los decibelios aumentan de forma logarítmica, la llamada del pájaro campana es casi tres veces más fuerte que la actuación de Deep Purple, que hace estallar los oídos. Uno se pregunta por qué la hembra aguanta todo ese jaleo.

4. Como referencia, la nota A (o la) por encima de la C (o do) central en el piano está convencionalmente afinado a una frecuencia de 440 hercios (Hz). La frecuencia se duplica con cada octava, por lo que la A (la) una octava por encima es de 880 Hz; dos octavas, 1760 Hz (o 1,76 kilohercios, kHz), tres octavas, 3520 Hz (3,52 kHz). Después de eso, un teclado de piano ordinario se queda sin notas. Si hubiera otra A (la), sería de 7040 Hz (7,04 kHz), que está por encima de las notas más altas que la mayoría de los pájaros suelen oír. Los niños humanos pueden oír tonos de hasta 20 kHz, aunque la sensibilidad al tono disminuye en la edad adulta. Especialmente en aquellos que pasaron su juventud escuchando a Deep Purple.

5. Los nombres vulgares de estos huesos, que recuerdan a algún herrero tosco de una novela de Thomas Hardy, merecen un comentario. En los humanos, el huesecillo más interno del oído medio se parece mucho a un estribo. La parte plana del estribo plano está adosada a la ventana oval, que es el portal del oído interno. El estribo se separa en dos partes que se unen más arriba, como un hueso de la suerte o, de hecho, un estribo. Por el orificio entre las dos puntas para un vaso sanguíneo, la arteria estapedial. Una vez que tenemos un estribo, es natural llamar a los otros huesos martillo y yunque, aunque no se parezcan mucho a sus homónimos de hierro. El estribo es el hueso más pequeño del cuerpo humano; el martillo y el yunque no son mucho más grandes. Juntos, estos huesos forman los huesecillos del oído medio.

6. Esto es así, al menos, en la infancia. La sensibilidad a las frecuencias más altas tiende a disminuir con la edad, sobre todo en aquellos que pasamos nuestra juventud escuchando, no sé, Deep Purple.

7. Véase H. Heffner, «Hearing in large and small dogs (*Canis familiaris*)», *Journal of the Acoustical Society of America* 60, S88, 1976.

8. Véase R. S. Heffner, «Primate hearing from a mammalian perspective», *The Anatomical Record* 281A, 1111-1122, 2004.

9. Véase K. Ralls, «Auditory sensitivity in mice: *Peromyscus* and *Mus musculus*», *Animal Behaviour* 15, 123–128, 1967.

10. R. S. Heffner y H. E. Heffner, «Hearing range of the domestic cat», *Hearing Research* 19, 85-88, 1985.

11. Véase Kastelein *et al.*, «Audiogram of a striped dolphin (*Stenella coeruleoalba*)», *Journal of the Acoustical Society of America* 113, 1130, 2003.

12. Para un estudio reciente y exhaustivo de esta notable transformación, y mucho más sobre la historia temprana de los mamíferos, véase Z.-X. Luo, «Transformation and diversification in early mammal evolution», *Nature* 450, 1011-1019, 2007.

13. Véase Lautenschlager *et al.*, «The role of miniaturization in the evolution of the mammalian jaw and middle ear», *Nature* 561, 533-537, 2018.

14. Es casi seguro que tenía bigotes. El pelaje, sin embargo, es una conjetura.

15. Véase Jones *et al.*, «Regionalization of the axial skeleton predates functional adaptation in the forerunners of mammals», *Nature Ecology & Evolution* 4, 470-478, 2020.

16. Una reconstrucción del oído del *Morganucodon* sugiere que podría haber sido sensible a sonidos de hasta 10 kHz. Véase J. J. Rosowski y A. Graybeal, «What did *Morganucodon* hear?», *Zoological Journal of the Linnean Society* 101, 131-168, 2008.

17. Véase Gill *et al.*, «Dietary specializations and diversity in feeding ecology of the earliest stem mammals», *Nature* 512, 303-305, 2014.

18. Véase E. A. Hoffman y T. B. Rowe, «Jurassic stem-mammal perinates and the origin of mammalian reproduction», *Nature* 561, 104-108, 2018.

19. Véase Hu *et al.*, «Large Mesozoic mammals fed on young dinosaurs», *Nature* 433, 149-152, 2005; A. Weil, «Living large in the Cretaceous», *Nature* 433, 116-117, 2005.

20. Véase Meng *et al.*, «A Mesozoic gliding mammal from northeastern China», *Nature* 444, 889-893, 2006. Esta criatura, el *Volaticotherium*, del Jurásico tardío de Mongolia Interior, resultó ser —más tarde se descubrió— miembro de un grupo llamado triconodontos. Estos eran

distintos de los haramíyidos, un grupo de mamíferos muy antiguo, que también se desplazaban por el aire; véase, por ejemplo, Meng *et al.*, «New gliding mammaliaforms from the Jurassic», *Nature* 548, 291-296, 2017; Han *et al.*, «A Jurassic gliding euharamiyidan mammal with an ear of five auditory bones», *Nature* 551, 451-456, 2017.

21. Véase Ji *et al.*, «A swimming mammaliaform from the Middle Jurassic and ecomorphological diversification of early mammals», *Science* 311, 1123-1127, 2006.

22. Véase Krause *et al.*, «First cranial remains of a gondwanatherian mammal reveal remarkable mosaicism», *Nature* 515, 512-517, 2014; A. Weil, «A beast of the southern wild", *Nature* 515, 495-496, 2014; Krause *et al.*, «Skeleton of a Cretaceous mammal from Madagascar reflects long-term insularity», *Nature* 581, 421-427, 2020.

23. Véase, por ejemplo, Luo *et al.*, «Dual origin of tribosphenic mammals», *Nature* 409, 53-57, 2001; A. Weil, «Relationships to chew over», *Nature* 409, 28-31, 2001; Rauhut *et al.*, «A Jurassic mammal from South America», *Nature* 416, 165-168, 2002.

24. Véase Bi *et al.*, «An early Cretaceous eutherian and the placental-marsupial dichotomy», *Nature* 558, 390-395, 2018; Luo *et al.*, «A Jurassic eutherian mammal and divergence of marsupials and placentals», *Nature* 476, 442-445, 2011; Ji *et al.*, «The earliest known eutherian mammal», *Nature* 416, 816-822, 2002.

25. Véase Luo *et al.*, «An Early Cretaceous tribosphenic mammal and metatherian evolution», *Science* 302, 1934-1940, 2003.

26. Los pantodontos y los dinocerados antes se agrupaban en un único grupo, los amblípodos. Cuando descubrí esto en mi época de estudiante, me encantó el nombre, y ese mismo día llamé por teléfono a mi madre para informarle de este hecho (esto era desde una cabina telefónica, los teléfonos móviles no estaban muy extendidos). Le dije que había un grupo de herbívoros grandes y lentos, como los rinocerontes o los hipopótamos, y que se llamaban amblípodos. «Qué bonito, querido —dijo mi madre— puedes imaginártelos, paseando sus «podos»». (NdeT. en inglés: *ambling their pods*, podría traducirse como «paseando con sus vainas al aire»)

27. Para una excelente guía sobre la evolución de los mamíferos, véase D. R. Prothero, *The Princeton Field Guide to Prehistoric Mammals* (Princeton: Princeton University Press, 2017).

28. Véase Head *et al.*, «Giant boid snake from the Palaeocene neotropics reveals hotter past equatorial temperaturas», *Nature* 457, 715-717, 2009; M. Huber, «Snakes tell a torrid tale», *Nature* 457, 669-671, 2009.

29. Véase Thewissen *et al.*, «Skeletons of terrestrial cetaceans and the relationship of whales to artiodactyls», *Nature* 413, 277-281, 2001; C. de Muizon, "Walking with Whales", *Nature* 413, 259-260, 2001.

30. Véase Thewissen *et al.*, «Fossil evidence for the origin of aquatic locomotion in archaeocete whales», *Science* 263, 210-212, 1994.

31. Véase Gingerich *et al.*, «Hind limbs of Eocene *Basilosaurus*: evidence of feet in whales», *Science* 249, 154-157, 1990.

32. Para más información sobre la evolución de las ballenas, véase J. G. M. "Hans" Thewissen, *The Walking Whales: From Land to Water in Eight Million Years* (Oakland: University of California Press, 2014).

33. Véase Madsen *et al.*, «Parallel adaptive radiations in two major clades of placental mammals», *Nature* 409, 610-614, 2001.

9. El planeta de los simios

1. Los primates más primitivos, los prosimios, incluyen a los actuales lémures (confinados en Madagascar) y a algunos otros, como los galágidos y los tarsios. Los primeros tarsios conocidos se establecieron hace 55 millones de años, lo que sugiere que los antropoides —el grupo que incluye a los monos, los simios y los humanos— también habrían existido (véase Ni *et al.*, «The oldest known primate skeleton and early haplorhine evolution», *Nature* 498, 60-63, 2013). Los primeros representantes conocidos de los antropoides, también del Eoceno, eran ya muy diversos, lo que sugiere una larga historia (véase Gebo *et al.*, «The oldest known anthropoid postcranial fossils and the early evolution of higher primates», *Nature* 404, 276-278, 2000; Jaeger *et al.*, «Late middle Eocene epoch of Libya yields earliest knownradiation of African anthropoids», *Nature* 467, 1095-1098, 2010). Los antropoides se habían dividido en monos y simios en el Oligoceno, hace al menos 25 millones de años (véase Stevens *et al.*, «Oligocene divergence between Old World monkeys and apes», *Nature* 497, 611-614, 2013).

2. Algunas hierbas tropicales explotan un medio de fotosíntesis hasta ahora poco utilizado, conocido por los bioquímicos como la vía C4. Poco utilizada,

porque es más elaborada que la vía C3 utilizada por la mayoría de las plantas. Sin embargo, la vía C4 aprovecha mejor el dióxido de carbono. Cuando el dióxido de carbono es abundante en la atmósfera, el uso de la vía C4 tiene poco valor. Pero las plantas quizá hayan percibido un cambio a largo plazo en la atmósfera de la Tierra, es decir, una disminución lenta y progresiva de la cantidad de dióxido de carbono. Véase, por ejemplo C. P. Osborne y L. Sack, «Evolution of C4 plants: a new hypothesis for an interaction of CO_2 and water relations mediated by plant hydraulics», *Philosophical Transactions of the Royal Society of London* B 367, 583-600, 2012.

3. De Bonis *et al.*, «New hominid skull material from the late Miocene of Macedonia in Northern Greece», *Nature* 345, 712-714, 1990.

4. Véase Alpagut *et al.*, «A new specimen of *Ankarapithecus meteai* from the Sinap Formation of central Anatolia», *Nature* 382, 349-351, 1996.

5. Véase Suwa *et al.*, «A new species of great ape from the late Miocene epoch in Ethiopia», *Nature* 448, 921-924, 2007.

6. Véase Chaimanee *et al.*, «A new orangutan relative from the Late Miocene of Thailand», *Nature* 427, 439-441, 2004.

7. Quizá el mayor simio que haya existido sea el *Gigantopithecus*, que vivió en el sudeste asiático en el Pleistoceno. Es posible que tuviera el doble de tamaño que un gorila, aunque es difícil de estimar, ya que solo se conocen sus dientes y fragmentos de la mandíbula. Un estudio de las proteínas del esmalte dental muestra que era un pariente de los orangutanes. Véase Welker *et al.*, «Enamel proteome shows that *Gigantopithecus* was an early diverging pongine», *Nature* 576, 262-265, 2019.

8. Véase Böhme *et al.*, «A new Miocene ape and locomotion in the ancestor of great apes and humans», *Nature* 575, 489-493, 2019, con este comentario de Tracy L. Kivell, «Fossil ape hints and how walking on two feet evolved», *Nature* 575, 445-446, 2019.

9. Véase Rook *et al.*, «*Oreopithecus* was a bipedal ape after all: evidence from the iliac cancellous architecture», *Proceedings of the National Academy of Sciences of the United States of America* 96, 8795-8799, 1999.

10. Nunca hubo simios en América. Los monos evolucionaron a partir de simios del Viejo Mundo: los monos del Nuevo Mundo son solo parientes lejanos, que pueden haber evolucionado a partir de inmigrantes que llegaron a América desde África en el Eoceno (véase Bond *et al.*, «Eocene primates of

South America and the African origins of New World monkeys», *Nature* 520, 538-541, 2015). Se distinguen de sus primos del Viejo Mundo por conservar colas largas, que a menudo son capaces de agarrar y funcionan como una quinta extremidad. Esta podría ser una razón por la que, en América, los monos siguieron siendo monos y no evolucionaron hacia formas simiescas o incluso terrestres, como los macacos casi sin cola del Viejo Mundo.

11. Debería añadir una nota para disipar cualquier confusión entre los términos *hominino* y *homínido*. El término *homínido* solía referirse a cualquier miembro de la familia Hominidae, que incluía a los humanos modernos y a cualquier pariente extinto de los humanos que no estuviera más estrechamente relacionado con los grandes simios, o póngidos, de la familia Pongidae. En los últimos años ha quedado claro que los Pongidae no forman un grupo «natural»: es decir, un grupo en el que todos los miembros comparten exclusivamente el mismo ancestro común. Resulta que los humanos están más emparentados con los chimpancés que con el gorila, y el orangután está más alejado. Esto significa que la familia Pongidae no puede compartir una ascendencia común que no incluya también la ascendencia de los Hominidae. Para resolver este problema, la definición de la familia Hominidae se ha ampliado para incluir a todos los grandes simios, así como a los humanos, y el nombre *hominino* (miembro de la subtribu Hominina de la tribu Hominini de la subfamilia Homininae) se utiliza para referirse a los humanos modernos y a cualquier pariente extinto de los humanos que no esté más estrechamente relacionado con los chimpancés —así es como utilizo el término aquí—. La cuestión se complica aún más por el uso contradictorio. Algunos investigadores utilizan ahora el término *hominino* en este sentido, mientras que otros persisten en utilizar *homínido*, y algunos de estos dos grupos han cambiado de opinión con el tiempo, lo que hace que la lectura de parte de la literatura a la que me refiero sea algo confusa.

12. Véase Brunet *et al.*, «A new hominid from the Upper Miocene of Chad, Central Africa», *Nature* 418, 145-151, 2002; y Vignaud *et al.*, «Geology and palaeontology of the Upper Miocene Toros-Menalla hominid locality, Chad», *Nature* 418, 152-155, 2002. Bernard Wood escribió un comentario complementario, «Hominid revelations from Chad», *Nature* 418, 133-135, 2002.

13. Los descubridores del cráneo del *Sahelanthropus* lo llamaron *Toumaï*. En goran, la lengua de las personas que se aferran a la vida en esta región inhóspita, significa "esperanza de vida".

14. Véase Haile-Selassie *et al.*, «Late Miocene hominids from the Middle Awash, Ethiopia», *Nature* 412, 178-181, 2001.

15. Pickford *et al.*, «Bipedalism in *Orrorin tugenensis* revealed by its femora», *Comptes Rendus Palevol* 1, 191-203, 2002.

16. La mayor parte de los descubrimientos sobre la evolución humana que datan de hace 5 millones de años en adelante se han realizado en una estrecha franja de África que se extiende desde Malawi en el sur, hacia el norte a través de Tanzania, Kenia y Etiopía. Se trata del gran Valle del Rift, una grieta que se ensancha lentamente cuando las fuerzas de la tectónica de placas rompen en dos secciones de la corteza terrestre y se separan a la velocidad del crecimiento de una uña. Gigantescos trozos de la pared del Rift se deslizan en el espacio cada vez más amplio: los efectos de la lluvia y el sol los erosionan hasta convertirlos en sedimentos. Cuando las placas se separan, el magma brota y burbujea desde abajo, y crea volcanes. Los ríos y los lagos se forman, se fusionan, se expanden y se reducen constantemente en el fondo del valle. La combinación de sedimentación, lagos y volcanes es ideal para la fosilización, y es en los sedimentos de las orillas de los lagos del Rift de Kenia, Tanzania y Etiopía donde se ha recogido la mayor parte de las pruebas de la evolución humana. La mayor parte del resto procede de antiguas cuevas de piedra caliza erosionadas en una pequeña zona de Sudáfrica conocida como la «Cuna de la Humanidad». Los sedimentos de las cuevas son notoriamente difíciles de datar, aunque se han hecho algunos progresos. Véase, por ejemplo, Pickering *et al.*, «U-Pb-dated flowstones restrict South African early hominin record to dry climate phases», *Nature* 565, 226-229, 2019. La Tierra sigue moviéndose, se ha movido, y sigue haciéndolo: en unos pocos millones de años, África al este del Rift se habrá desprendido de su continente. El mar irrumpirá para llenar el vacío. El Rift es un nuevo océano que está naciendo, como la grieta en el este de América del Norte a finales del Triásico que dio lugar al Océano Atlántico, pero sin tintes dramáticos.

17. Y uno que los bebés aún conservan.

18. Véase Whitcome *et al.*, «Fetal load and the evolution of lumbar lordosis in bipedal hominins», *Nature* 450, 1075-1078, 2007.

19. Véase, por ejemplo, Wilson *et al.*, «Biomechanics of predator-prey arms race in lion, zebra, cheetah and impala», *Nature* 554, 183-188, 2018; y el comentario adjunto de Biewener, «Evolutionary race as predators hunt prey», *Nature* 554, 176-178, 2018.

20. Otros mamíferos bípedos son los canguros y varios roedores saltarines, como las jerboas; pero los canguros mantienen una postura erguida con la

ayuda de una larga cola, y los roedores saltarines tienden a saltar, utilizando ambos pies a la vez.

21. Algo que descubrí por mí mismo cuando me rompí un tobillo en un accidente trivial en casa en agosto de 2018. Este percance me dejó totalmente desamparado, un estado mejorado por la asistencia instantáneamente accesible del casi incomprensiblemente complejo y vasto aparato que es el Servicio Nacional de Salud; que incluía una ambulancia, un hospital universitario totalmente equipado, paramédicos, enfermeras, anestesistas, cirujanos, por no mencionar un ejército de personal de apoyo, y —cuando salí del hospital— fisioterapeutas; el préstamo de una silla de ruedas de la Cruz Roja; y (sobre todo) el cuidado de la sufrida Sra. Gee, que decidió, al menos en parte gracias a este cuidado, matricularse en la carrera de enfermería, especializada en pacientes con problemas de aprendizaje (imagínate). El Servicio Nacional de Salud británico (NHS) es el mayor empleador no solo de Gran Bretaña, sino de toda Europa, y consume una parte considerable de los fondos públicos británicos. Sin ese respaldo, un homínido primitivo que se rompiera el tobillo en la sabana africana probablemente habría sido asesinado y devorado.

22. Véase White *et al.*, «*Australopithecus ramidus*, a new species of early hominid from Aramis, Ethiopia», *Nature* 371, 306-312, 1994.

23. Véase A. Gibbons, «A rare 4.4-million-year-old skeleton has drawn back the curtain of time to reveal the surprising body plan and ecology of our earliest ancestors», *Science* 326, 1598-1599, 2009.

24. Véase Leakey *et al.*, «New four-million-year-old hominid species from Kanapoi and Allia Bay, Kenya», *Nature* 376, 565-571 (1995); Haile-Selassie *et al.*, «A 3.8-million-old hominin cranium from Woranso-Mille, Ethiopia», *Nature* 573, 214-219, 2019; F. Spoor, «Elusive cranium of early hominin found», *Nature* 573, 200-202, 2019.

25. Johanson *et al.*, «A new species of the genus *Australopithecus* (Primates, Hominidae) from the Pliocene of Eastern Africa», *Kirtlandia* 28, 1-14, 1978. Se sabe que al menos otras dos especies vivieron en la zona en el mismo periodo. Véase Haile-Selassie *et al.*, «New species from Ethiopia further expands Middle Pliocene hominin diversity», *Nature* 521, 483-488, 2015; F. Spoor, «The Middle Pliocene gets crowded», *Nature* 521, 432-433, 2015; Leakey *et al*, «New hominin genus from eastern Africa shows diverse middle Pliocene lineages», *Nature* 410, 433-440, 2001; D. Lieberman, «Another face in our family tree», *Nature* 410, 419-420, 2001.

26. Donde una criatura muy similar fue bautizada como *Australopithecus bahrelghazali*: Brunet *et al.*, «The first australopithecine 2,500 kilometres west of the Rift Valley (Chad)», *Nature* 378, 273-275, 1995.

27. Según revelan las huellas depositadas en ceniza volcánica húmeda y conservadas en Laetoli, en Tanzania. Las huellas de los homínidos aparecen en dos lugares distintos. En uno, un homínido camina solo. En el otro, un homínido parece estar acompañado por un niño que posiblemente sigue al adulto. Véase M. D. Leakey y R. L. Hay, «Pliocene footprints in the Laetolil Beds and Laetoli, northern Tanzania», *Nature* 278, 317-323, 1979.

28. Dicho esto, las fracturas del espécimen más completo, el famoso esqueleto conocido como «Lucy», sugieren que murió por las heridas sufridas al caer de un árbol. Véase Kappelman *et al.*, «Perimortem fractures in Lucy suggest mortality from fall out of a tree», *Nature* 537, 503-507, 2016.

29. Véase Cerling *et al.*, «Woody cover and hominin environments in the past 6 million years», *Nature* 476, 51-56, 2011; C. S. Feibel, «Shades of the Savannah», *Nature* 476, 39-40, 2011.

30. Haile-Selassie *et al.*, «A new hominin foot from Ethiopia shows multiple Pliocene bipedal adaptations», *Nature* 483, 565-569, 2012; D. Lieberman, «Those feet in ancient times», *Nature* 483, 550-551, 2012.

31. Entre ellos se encuentran varias especies de *Australopithecus* y *Homo*, como *Australopithecus garhi* (véase Asfaw *et al.*, «*Australopithecus garhi*: a new species of early hominid from Ethiopia», *Science* 284, 629-635, 1999); *Australopithecus sediba* (Berger *et al*, «*Australopithecus sediba*: a new species of Homo-like australopith from South Africa», *Science* 328, 195-204, 2010); *Homo habilis*, y *Homo rudolfensis* (véase Spoor *et al*, «Reconstructed *Homo habilis* type OH7 suggests deep-rooted species diversity in early *Homo*», *Nature* 519, 83-86, 2015), y *Homo naledi* (Berger *et al.*, «*Homo naledi*, a new species of the genus *Homo* from the Dinaledi Chamber, South Africa», *eLife* 2015; 4: e09560). Las relaciones entre todas estas criaturas son objeto de un considerable debate. Aunque la denominación de *Homo* reflejaba originalmente un mayor tamaño del cerebro y una mayor capacidad tecnológica (véase L. S. B. Leakey, «A New Fossil Skull from Olduvai», *Nature* 184, 491-493, 1959; Leakey *et al.*, «A New Species of the Genus *Homo* from Olduvai Gorge», *Nature* 202, 7-9, 1964), el descubrimiento de herramientas de piedra significativamente anteriores al primer *Homo* —hace unos 3,3 millones de años— ha puesto en duda esa distinción. De hecho, se ha argumentado que las primeras especies de *Homo* se diferenciaban demasiado

poco del *Australopithecus* como para merecer la distinción: véase B. Wood y M. Collard, «The Human Genus», *Science* 284, 65-71, 1999.

32. Véase Harmand *et al.*, «3.3-million-old stone tools from Lomekwi 3, Turkana Occidental, Kenia», *Nature* 521, 310-315, 2015; E. Hovers, «Tools go back in time», *Nature* 521, 294-295, 2015; McPherron *et al.*, «Evidence for stone-tool-assisted consumption of animal tissues before 3.39 million years ago at Dikika, Ethiopi», *Nature* 466, 857-860, 2010; D. Braun, «Australopithecine butchers», *Nature* 466, 828, 2010.

33. Las primeras herramientas no eran más sofisticadas que las que utilizan los chimpancés hoy en día, y son muy difíciles de distinguir de las rocas astilladas por otros procesos naturales. De hecho, se sabe que varias especies de primates, no solo los homínidos, seleccionan guijarros y los trasladan a zonas concretas para su uso. Algunos de estos artefactos son difíciles de distinguir de los atribuidos a los primeros homínidos. Véase Haslam *et al.*, «Primate archaeology evolves», *Nature Ecology & Evolution 1*, 1431-1437, 2017.

34. Véase K. D. Zink y D. E. Lieberman, «Impact of meat and Lower Palaeolithic food processing techniques on chewing in humans», *Nature* 531, 500-503, 2016.

10. Por todo el mundo

1. …que es lo mismo que 23,5 grados de la vertical, solo se expresa como una divergencia con respecto a la horizontal. Los dos valores suman 90 grados

2. Y lo mismo ocurre con las estrellas del hemisferio sur. Sin embargo, la región celeste del polo sur es una zona del cielo especialmente sosa y aburrida, sin nada para recomendar y, desde luego, sin estrellas destacadas que marquen el equivalente de Polaris en el polo sur.

3. Esto lo hizo un matemático llamado Milutin Milankovic (1879-1958), que lo hizo sin ordenador. Imagínate.

4. Este es uno de mis pocos descubrimientos genuinos, que yace, sin leer, en mi tesis doctoral.

5. Aparte del hecho de que soy británico y de que casualmente estudié la fauna de la Edad de Hielo de Gran Bretaña para mi tesis doctoral, hay una

buena razón para elegir Gran Bretaña como ejemplo. Al ser una isla en el borde occidental de una gran masa de tierra, sufrió los mayores extremos del cambio climático durante este periodo y por eso es un buen ejemplo del conjunto. Esa es mi excusa. Y me atengo a ella.

6. Véase G. A. Jones, «A stop-start ocean conveyer», *Nature* 349, 364-365, 1991.

7. Estas oleadas repentinas de desprendimiento de icebergs se conocen como eventos Heinrich. Véase Bassis *et al.*, «Heinrich events triggered by ocean forcing and modulated by iostatic adjustment», *Nature* 542, 332-334, 2017; A. Vieli, «Pulsating ice sheet», *Nature* 542, 298-299, 2017.

8. Esto se capta de forma bastante sorprendente sobre el terreno. Los yacimientos fósiles de Etiopía, que se sitúan en la transición, muestran una marcada disminución de las especies aficionadas a los bosques mixtos, como el *Australopithecus*, y un aumento de las especies de campo abierto, como los caballos, los camellos y el *Homo*. Véase Alemseged *et al.*, «Fossils from Mille-Logya, Afar, Ethiopia, elucidate the link between Pliocene environmental change and *Homo* origins», *Nature Communications* 11, 2480 (2020).

9. Véase D. Bramble y D. Lieberman, «Endurance running and the evolution of *Homo*», *Nature* 432, 345-352, 2004, para un ensayo convincente sobre la importancia de la carrera de resistencia en la historia humana. Debo añadir que su exégesis sobre la anatomía se refiere al *Homo sapiens* y no al *Homo erectus* en particular, por lo que me he tomado algunas libertades. Dicho esto, el *Homo erectus* fue el primer homínido con una forma corporal muy similar a la de los humanos modernos.

10. El término *tribu* en este sentido se refiere a un grupo distinto de individuos vinculados por el parentesco y la tradición que vive más o menos en el mismo lugar, que es cultural y genéticamente más o menos distinto de otros grupos similares.

11. Una comparación de las tasas de violencia letal en los mamíferos muestra que los homininos y los primates son más violentos que los mamíferos en general. Véase Gómez *et al.*, «The phylogenetic roots of human lethal violence», *Nature* 538, 233-237, 2016, con un comentario adjunto de Pagel, «Lethal violence deep in the human lineage», *Nature* 538, 180-181, 2016.

12. ...con un pene diminuto. El miembro masculino erecto en un gorila mide unos 3 centímetros. Incluso un varón humano medio puede llegar a medir 10 centímetros más. Véase M. Maslin, «Why did humans evolve big

penises but small testicles». *The Conversation*, 25 de enero de 2017, consultado el 1 de abril de 2021; Veale *et al.*, «Am I normal? A systemic review and construction of nomograms for flaccid and erect penis length and circumference in up to 15,521 men», *BJU International* 115, 978-986, 2015.

13. Véase S. Eliassen y C. Jørgensen, «Extra-pair mating and evolution of cooperative neighbourhoods», *PLoS ONE* doi. org/10.1371./journal. pone.0099878, 2014; B. C. Sheldon y M. Mangel, «Love thy neighbour», *Nature* 512, 381-382, 2014.

14. Alan Walker y Pat Shipman describen al *Homo erectus* como tal en su perspicaz libro *The Wisdom of Bones* (Vintage, 1997).

15. Véase Dean *et al.*, «Growth processes in teeth distinguish modern humans from *Homo erectus* and earlier hominins», *Nature* 414, 628-631, 2001; y el comentario adjunto de Moggi-Cecchi, «Questions of growth», *Nature* 414, 595-597, 2001.

16. Aunque las primeras herramientas achelenses conocidas se encuentran en África (véase, por ejemplo, Asfaw *et al.*, «The earliest Acheulean from Konso-Gardula», *Nature* 360, 732-735, 1992), la cultura en su conjunto recibe el nombre de St-Acheul, un yacimiento arqueológico en Francia donde se reconoció por primera vez.

17. © *The Atlantic Monthly*, 1975.

18. Véase Joordens *et al.*, «*Homo erectus* at Trinil on Java used shells for tool production and engraving», *Nature* 518, 228-231, 2015.

19. La gente siempre se ha sorprendido al saber que los seres humanos están muy emparentados con los chimpancés, el gorila y el orangután. Dejando a un lado las consideraciones religiosas, los seres humanos son sorprendentemente diferentes de estas criaturas. La razón es que, así como los humanos han cambiado mucho desde el ancestro común que compartimos con los simios, los simios han cambiado mucho menos.

20. El primer fósil conocido atribuible al *Homo erectus* es una parte de un cráneo de la cueva de Drimolen, en Sudáfrica, fechado hace algo más de 2 millones de años, véase Herries *et al.*, «Contemporaneity of *Australopithecus*, *Paranthropus* and early *Homo erectus* in South Africa», *Science* 368 doi: 10.1126/ science.aaw7293, 2020. El ejemplo más completo de *Homo erectus* africano es el esqueleto de un joven de Kenia: véase Brown *et al.*, «Early *Homo erectus* skeleton from west Lake Turkana, Kenya», *Nature* 316, 788-792,

1985. La forma alargada y espigada del esqueleto contrasta con la estructura más achaparrada de los primeros homínidos.

21. Véase Zhu *et al.*, «Hominin occupation of the Chinese Loess Plateau since about 2.1 million years ago», *Nature* 559, 608-612, 2018.

22. Véase Shen *et al.*, «Age of Zhoukoudian *Homo erectus* determined with 26Al/10Be burial dating», *Nature* 458, 198-200, 2009; y el comentario adjunto de Ciochon y Bettis, «Asian *Homo erectus* converges in time», *Nature* 458, 153-154, 2009.

23. Véase J. Schwartz, «Why constrain hominid taxic diversity?», *Nature Ecology & Evolution*, 5 de agosto de 2019, https://doi. org/10.1038/s41559-019-0959-2 para un argumento mordaz a favor de la diversidad taxonómica del *Homo erectus*.

24. Mientras que todas las especies tienen formalmente un nombre binomial, compuesto por un género (*Homo*) y una especie (como *sapiens*), y pueden adquirir también un nombre subespecífico (como, bueno, *sapiens*, que resulta *Homo sapiens sapiens*), estos antiguos han adquirido últimamente un tetranomio, *Homo erectus ergaster georgicus*, un apelativo único en los anales de la nomenclatura, salvo quizá para los miembros de la familia real británica, y que no hace sino subrayar el hecho de que la pertenencia al *Homo erectus* es una congregación extremadamente amplia. Véase L. Gabunia y A. Vekua, «A Plio-Pleistocene hominid from Dmanisi, East Georgia, Caucasus», *Nature* 373, 509-512, 1995; Lordkipanidze *et al*, «A complete skull from Dmanisi, Georgia, and the evolutionary biology of early *Homo*», *Science* 342, 326-331 (2013), para este notable nombre y una discusión sobre los problemas muy reales de meter con calzador especímenes fósiles en lo que podrían haber sido especies de grados de variación desconocidos.

25. Véase Rizal *et al.*, «Last appearance of *Homo erectus* at Ngandong, Java, 117,000-108,000 years ago», *Nature* 577, 381-385, 2020.

26. Véase Swisher *et al.*, «Latest *Homo erectus* of Java: potential contemporaneity with Homo sapiens in Southeast Asia», *Science* 274, 1870-1874, 1996.

27. Véase Ingicco *et al.*, "Earliest known hominin activity in the Philippines by 709 thousand years ago", *Nature* 557, 233-237, 2018.

28. Véase Détroit *et al.*, «A new species of *Homo* from the Late Pleistocene of the Philippines», *Nature* 568, 181-186, 2019, y el comentario adjunto de

Tocheri, "Previously unknown human species found in Asia raises questions about early hominin dispersals from Africa", *Nature* 568, 176-178, 2019.

29. Véase Brown *et al.*, «A new small-bodied hominin from the Late Pleistocene of Flores, Indonesia», *Nature* 431, 1055-1061, 2004, con el comentario adjunto de Mirazón Lahr y Foley, «Human evolution writ small», *Nature* 431, 1043-1044, 2004; Morwood *et al*, «Further evidence for small-bodied hominins from the Late Pleistocene of Flores, Indonesia», *Nature* 437, 1012-1017, 2005 y la colección online «The Hobbit at 10», https://www. nature.com/collections/baiecchdeh

30. Véase Sutikna *et al.*, «Revised stratigraphy and chronology for *Homo floresiensis* at Liang Bua in Indonesia», *Nature* 532, 366-369, 2016; van den Bergh *et al.*, «*Homo floresiensis-like* fossils from the early Middle Pleistocene of Flores», *Nature* 534, 245-248, 2016; Brumm *et al.*, «Early stone technology on Flores and its implications for *Homo floresiensis*», *Nature* 441, 624-628, 2006.

31. Estas ratas todavía existen, y están acompañadas por ratas de tamaño medio y ratas pequeñas. Cuando visité la cueva de Liang Bua, en Flores, donde se desenterraron los primeros especímenes de *Homo floresiensis*, pasé un día feliz ayudando a la Dra. Hanneke Meijer a clasificar los cientos de huesos de rata en diferentes clases de tamaño, junto con cientos de huesos de murciélago y —de particular interés para Hanneke— los escasos pero muy preciados huesos de aves. Estos huesos habían sido arduamente lavados de cada gramo de sedimento extraído del suelo y colocados en sacos marcados con la ubicación precisa en 3-D de donde se habían encontrado. Los trabajadores del campamento habían bajado los pesados sacos por la colina hasta los arrozales, los habían tamizado y los habían subido para que los estudiáramos. Cualquier excavación debe reconocer el enorme mérito del arduo trabajo de muchos entre bastidores, que hacen posible los grandes descubrimientos, los que se anuncian a bombo y platillo en las revistas internacionales.

32. Victoria Herridge me recordó que debía hacer una mención especial a los elefantes enanos. No puedo dejar de imaginar que tanto los elefantes como las personas se hicieron cada vez más pequeños hasta ser microscópicos y, prácticamente invisibles, desaparecieron de la vista, como el protagonista de *El increíble hombre menguante*.

33. Véase Bermúdez de Castro *et al.*, «A hominid from the lower Pleistocene of Atapuerca, Spain: possible ancestor to Neandertals and modern humans»,

Science 276, 1392-1395, 1997; Parfitt *et al*, «Early Pleistocene human occupation at the edge of the boreal zone in northwest Europe», *Nature* 466, 229-233, 2010, y el comentario adjunto de Roberts y Grün, «Early human northerners», *Nature* 466, 189-190, 2010; Ashton *et al.*, «Hominin footprints from Early Pleistocene Deposits at Happisburgh, UK», *PLoS ONE* https://doi.org/10.1371/journal.pone.0088329, 2014.

34. Véase Welker *et al.*, «The dental proteome of *Homo antecessor*», *Nature* 580, 235-238, 2020.

35. Véase H. Thieme, «Lower Palaeolithic hunting spears from Germany», *Nature* 385, 807-810, 1997.

36. Véase Roberts *et al.*, «A hominid tibia from Middle Pleistocene sediments at Boxgrove, UK», *Nature* 369, 311-313, 1994.

37. Véase Arsuaga *et al.*, «Three new human skulls from the Sima de los Huesos Middle Pleistocene site in Sierra de Atapuerca, Spain», *Nature* 362, 534-537, 1993.

38. El ADN nuclear muestra que los individuos de Atapuerca estaban más emparentados con los neandertales que con cualquier otro homínido. Véase Meyer *et al.*, «Nuclear DNA sequences from the Middle Pleistocene Sima de los Huesos hominins», *Nature* 531, 504-507, 2016.

39. Véase Jaubert *et al.*, «Early Neanderthal constructions deep in Bruniquel Cave in southwestern France», *Nature* 534, 111-114, 2016; y el comentario adjunto de Soressi, «Neanderthals built underground», *Nature* 534, 43-44, 2016.

40. Los denisovanos deben su nombre a la cueva de los montes Altai, en el sur de Siberia, donde se identificaron por primera vez sus restos. Todavía no tienen un nombre zoológico formal.

41. Véase Chen *et al.*, «A late Middle Pleistocene Denisovan mandible from the Tibetan Plateau», *Nature* 569, 409-412, 2019.

42. Si es así, lo hicieron a la ligera. Un yacimiento de mastodontes en el sur de California, fechado hace unos 125.000 años, se ha afirmado, de forma muy controvertida, que se formó por la acción humana. Si es así, fue mucho antes de lo que afirman incluso los defensores más optimistas de una ocupación humana temprana de las Américas, es decir, hace 30.000 años como máximo. Véase Holen *et al.*, «A 130,000-year-old archaeological site in southern California, USA», *Nature* 544, 479-483, 2017.

43. Se les conoce como «denisovanos», por la cueva de Denisova, en las montañas de Altai, al sur de Siberia, donde se identificaron por primera vez sus restos. Véase Reich *et al.*, «Genetic history of an archaic hominin group from Denisova Cave in Siberia», *Nature* 468, 1053-1060, 2010; y el comentario adjunto de Bustamante y Henn, «Shadows of early migrations», *Nature* 468, 1044-1045, 2010.

11. El fin de la prehistoria

1. Véase Navarrete *et al.*, «Energetics and the evolution of human brain size», *Nature* 480, 91-93, 2011; R. Potts, «Big brains explained», *Nature* 480, 43-44, 2011.

2. La selección natural también favoreció la preferencia masculina por las formas corporales femeninas más curvilíneas: véase D. W. Yu y G. H. Shepard, Jr, «Is beauty in the eye of the beholder?», *Nature* 396, 321-322, 1998.

3. Véase K. Hawkes, «Grandmothers and the evolution of human longevity», *American Journal of Human Biology* 15, 380-400, 2003. No hace falta decir que la hipótesis de las abuelas, como todo lo demás en la evolución de la historia de la vida humana, es controvertida, pero me parece muy sensata.

4. Esto explica por qué los hombres tienen pezones. Como las mujeres tienen pechos y pezones, los hombres también los tienen, aunque más pequeños y no funcionales. También tienen un coste: el cáncer de mama se da tanto en hombres como en mujeres, pero es poco frecuente en los hombres. Paradójicamente, la evolución de las preferencias femeninas de elección de pareja mantiene en los machos rasgos que de otro modo serían perjudiciales. Véase P. Muralidhar, «Mating preferences of selfish sex chromosomes», *Nature* 570, 376-379; M. Kirkpatrick, «Sex chromosomes manipulate mate choice», *Nature* 570, 311-312, 2019.

5. Agradezco a Simon Conway Morris por esta visión.

6. Jared Diamond especula que el aumento de la diabetes de tipo 2, especialmente entre personas que hasta hace poco vivían con dietas de subsistencia, es el resultado de un cambio repentino a estilos de vida occidentales en los que se ha suprimido la inanición y es habitual comer alimentos azucarados en exceso. Véase Diamond, «The double puzzle of diabetes», *Nature* 423, 599-602, 2003.

7. El *Homo rhodesiensis,* una criatura similar al *Homo heidelbergensis,* vivió en África Central hace unos 300.000 años (Grün *et al.,* «Dating the skull from Broken Hill, Zambia, and its position in human evolution», *Nature* 580, 372-375, 2020), pero hubo otros. Una especie de homínido con un cráneo notablemente arcaico vivió en Nigeria hasta hace tan solo 11.000 años (Harvati *et al.,* «The Later Stone Age calvaria from Iwo Eleru, Nigeria: morphology and chronology», *PLoS ONE* https://doi.org/10.1371/journal. pone.0024024, 2011). Existen pruebas de la existencia de más especies arcaicas en África, conservadas solo como ADN fragmentario en los humanos modernos, como tantos gatos de Cheshire, que se desvanecen hasta que solo quedan sus sonrisas (véase, por ejemplo, Hsieh *et al.,* «Model-based analyses of whole-genome data reveal a complex evolutionary history involving archaic introgression in Central African Pygmies», *Genome Research* 26, 291-300, 2016).

8. Los primeros indicios conocidos de los primeros *Homo sapiens* tienen una antigüedad de unos 315.000 años y proceden de Marruecos (véase Hublin *et al.,* «New fossils from Jebel Irhoud, Morocco, and the pan-African origin of *Homo sapiens*», *Nature* 546, 289-292, 2017; Richter *et al.,* «The age of the hominin fossils from Jebel Irhoud, Morocco, and the origins of the Middle Stone Age», *Nature* 546, 293-296, 2017; Stringer and Galway-Witham, «On the origin of our species", *Nature* 546, 212-214, 2017). Otros especímenes tempranos de *Homo sapiens* incluyen restos de Kibish, Etiopía, datados en unos 195.000 años (McDougall *et al,* «Stratigraphic placement and age of modern humans from Kibish, Ethiopia», *Nature* 433, 733-736, 2005) y del Awash Medio, también en Etiopía (véase White *et al.,* «Pleistocene *Homo sapiens* from Middle Awash, Ethiopia», *Nature* 423, 742-747, 2003; Stringer, «Out of Ethiopia», *Nature* 423, 693-695, 2003).

9. Harvati *et al.,* «Apidima Cave fossils provide earliest evidence of *Homo sapiens* in Eurasia», *Nature* 571, 500-504, 2019; McDermott *et al.,* «Mass-spectrometric U-series dates for Israeli Neanderthal/early modern hominid sites», *Nature* 363, 252-255, 1993; Hershkovitz *et al.,* «The earliest modern humans outside Africa», *Science* 359, 456-459, 2018.

10. Véase Chan *et al.,* «Human origins in a southern African palaeowetland and first migrations», *Nature* 575, 185-189, 2019.

11. Véase Henshilwood *et al.,* «A 100,000-year-old Ochre-Processing Workshop at Blombos Cave, South Africa», *Science* 334, 219-222, 2011.

12. Véase Henshilwood *et al.*, «An abstract drawing from the 73,000-year-old levels at Blombos Cave, South Africa», *Nature* 562, 115-118, 2018.

13. Véase Brown *et al.*, «An early and enduring advanced technology originating 71,000 years ago in South Africa», *Nature* 491, 590-593.

14. Véase Rito *et al.*, «A dispersal of *Homo sapiens* from southern to eastern Africa immediately preceded the out-of-Africa migration», *Scientific Reports* 9, 4728, 2019.

15. El Toba empequeñeció la famosa erupción del Tambora, también en Indonesia, en 1815. Ese acontecimiento dio paso al «Año sin verano», cuando un grupo de radicales que esperaban disfrutar de unas vacaciones estivales se refugiaron en una villa del lago de Ginebra y se entretuvieron componiendo historias de terror. Una de ellas era la adolescente Mary Shelley, que escribió una novela gótica de terror, titulada *Frankenstein o el moderno Prometeo*. Claramente, algo reservado para un día lluvioso.

16. Véase Smith *et al.*, «Humans thrived in South Africa through the Toba eruption about 74,000 years ago», *Nature* 555, 511-515, 2018.

17. Véase Petraglia *et al.*, «Middle Paleolithic assemblages from the Indian Subcontinent before and after the Toba supereruption», *Science* 317, 114-116, 2007.

18. Véase Westaway *et al.*, «An early modern human presence in Sumatra 73,000-63,000 years ago», *Nature* 548, 322-325, 2017.

19. Se ha demostrado que este es el caso de los australopithecus. El análisis químico de los oligoelementos en el esmalte de los dientes de los australopithecus muestra que los individuos más pequeños —que se supone que eran hembras— se desplazaban durante su vida más que los machos. Véase Copeland *et al.*, «Strontium isotope evidence for landscape use by early hominins», *Nature* 474, 76-78, 2011; M. J. Schoeninger, "In search of the australopithecines", *Nature* 474, 43-45, 2011.

20. Véase A. Timmermann y T. Friedrich, «Late Pleistocene climate drivers of early human migration». *Nature* 538, 92-95, 2016.

21. Clarkson *et al.*, «Human occupation of northern Australia by 65,000 years ago», *Nature* 547, 306-310, 2017.

22. Véase, por ejemplo, F. A. Villanea y J. G. Schraiber, «Multiple episodes of interbreeding between Neanderthals and modern humans», Nature Ecology

& Evolution 3, 39-44, 2019, con el comentario adjunto de F. Mafessoni, "Encounters with archaic hominins", *Nature Ecology & Evolution* 3, 14-15, 2019; Sankararaman et al, «The genomic landscape of Neanderthal ancestry in present-day humans», *Nature* 507, 354-357, 2014.

23. Véase Huerta-Sánchez *et al.*, «Altitude adaptation in Tibetans caused by introgression of Denisovan-like DNA», *Nature* 512, 194-197, 2014.

24. Véase Hublin *et al.*, «Initial Upper Palaeolithic *Homo sapiens* from Bacho Kiro Cave, Bulgaria», *Nature* 581, 299-302, 2020, con el informe adjunto de Fewlass *et al.*, «A 14C chronology for the Middle to Upper Palaeolithic transition at Bacho Kiro Cave, Bulgaria», *Nature Ecology & Evolution* 4, 794-801, 2020, y el comentario adjunto de Banks, «Puzzling out the Middle-to-Upper Palaeolithic transition», Nature *Ecology & Evolution 4, 775-776,* 2020. Véase también M. Cortés-Sanchéz *et al.*, «An early Aurignacian arrival in southwestern Europe», Nature Ecology & Evolution 3, 207-212, 2019; Benazzi *et al.*, «Early dispersal of modern humans in Europe and implications for Neanderthal behaviour», *Nature 479,* 525-528, 2011.

25. Véase Higham *et al.*, «The timing and spatiotemporal patterning of Neanderthal disappearance», *Nature* 512, 306-309, 2014, y el comentario adjunto de W. Davies, «The time of the last Neanderthals», *Nature* 512, 260-261, 2014.

26. «¿Me está diciendo que copularon?», preguntó incrédulo un anciano miembro del público, en tono cortante, a un orador que abordaba este delicado tema en una reunión sobre el antiguo ADN en la Royal Society de Londres. Sentado en algún lugar del fondo, tuve la tentación de levantarme y responder, en un tono igualmente imperioso, que «no solo copularon, ¡sino que su unión fue bendecida con un descendiente!» Me quedé en mi asiento.

27. Véase Koldony y Feldman, «A parsimonious neutral model suggests Neanderthal replacement was determined by migration and random species drift», *Nature Communications* 8, 1040, 2017; y C. Stringer y C. Gamble, *In Search of the Neanderthals* (London: Thames & Hudson, 1994). Se han observado mecanismos similares en otras especies. La ardilla gris norteamericana, por ejemplo, fue introducida en Inglaterra en el siglo XVIII. Doscientos años después, prácticamente había sustituido a la ardilla roja autóctona, en virtud de una cría más rápida y una actitud más agresiva para mantener el territorio. Véase Okubo *et al.*, «On the spatial spread of the grey squirrel in Britain», *Proceedings of the Royal Society of London* B, 238, 113-125, 1989.

28. Véase Zilhão *et al.*, «Precise dating of the Middle-to-Upper Paleolithic transition in Murcia (Spain) supports late Neandertal persistence in Iberia», *Heliyon* 3, e00435, 2017.

29. Slimak *et al.*, «Late Mousterian persistence near the Arctic Circle», *Science* 332, 841-845, 2011.

30. Vaesen *et al.*, «Inbreeding, Allee effects and stochasticity might be sufficient to account for Neanderthal extinction», *PLoS ONE* 14, e0225117, 2019.

31. J. Diamond, «The last people alive», *Nature* 370, 331-332, 1994.

32. Fu *et al.*, «An early modern human from Romania with a recent Neanderthal ancestor», *Nature* 524, 216-219.

33. Conard *et al.*, «New flutes document the earliest musical tradition in southwestern Germany», *Nature* 460, 737-740, 2009.

34. Conard, «Palaeolithic ivory sculptures from southwestern Germany and the origins of figurative art», *Nature* 426, 830-832, 2003.

35. Véase Aubert *et al.*, «Pleistocene cave art from Sulawesi, Indonesia», *Nature* 514, 223-227, 2014; Aubert *et al.*, «Palaeolithic cave art in Borneo», *Nature* 564, 254-257, 2018.

36. Lubman, «Did Paleolithic cave artists intentionally paint at resonant cave locations?», *Journal of the Acoustical Society of America*, 141, 3999, 2017.

12. El pasado del futuro

1. Yo lo llamo «El principio de Karenina». De nada.

2. *Dark Eden*, una novela de Chris Beckett (Corvus, 2012) trata de un tal John Redlantern, uno de los 532 descendientes de dos astronautas varados en un planeta lejano. Es una historia conmovedora sobre los esfuerzos desesperados de una pequeña comunidad por sobrevivir a pesar de los efectos de una malformación congénita provocada por la endogamia.

3. Uno piensa en la trágica historia del *Dedeckera eurekensis*, un arbusto confinado en el desierto de Mojave. Evolucionó en circunstancias más fáciles, pero la falta de adaptación dio lugar a una serie de anormalidades genéticas

que han asegurado un fracaso casi total en su reproducción. Véase Wiens *et al.*, «Developmental failure and loss of reproductive capacity in the rare palaeoendemic shrub *Dedeckera eurekensis*», *Nature* 338, 65-67, 1989.

4. Véase A. Sang *et al.*, «Indirect evidence for an extinction debt of grassland butterflies half century after habitat loss», *Biological Conservation* 143, 1405-1413, 2010.

5. Véase Tilman *et al.*, «Habitat destruction and the extinction debt», *Nature* 371, 65-66, 1994.

6. Véase A. J. Stuart, *Vanished Giants* (Chicago: University of Chicago Press, 2020) para un relato exhaustivo y ameno de las extinciones de finales del Pleistoceno.

7. Véase Stuart *et al.*, «Pleistocene to Holocene extinction dynamics in giant deer and woolly mammoth», *Nature* 431, 684-689, 2004.

8. Por ejemplo, en mi tesis doctoral no publicada y que no ha tenido oportunidad de ser leída, *Bovidae from the Pleistocene of Britain* (Fitzwilliam College, Universidad de Cambridge, 1991), muestro que un tipo de bisonte pequeño y robusto era común en Gran Bretaña durante la mitad de la etapa fría más reciente, pero fue sustituido por una forma más grande a medida que avanzaba la etapa fría. Los bisontes también fueron comunes durante el interglacial ipswichiense precedente, pero eran de un tipo más grande y vivían en Inglaterra fuera del valle del Támesis (en aquellos días, Londres era un país de uros). En el Hoxniano, uno o dos interglaciares antes, los uros eran comunes, y no se podía conseguir un bisonte en ninguna parte, ni siquiera por dinero. E incluso antes, en el cromeriano, no había uros, pero sí bisontes, de otro tipo. Pero los sedimentos del Pleistoceno en Gran Bretaña son comunes y (relativamente) fáciles de ordenar, lo que no sería posible con depósitos de, por ejemplo, la edad del Pérmico.

9. Durante mucho tiempo se pensó que la llegada de los humanos a América no podía ser anterior a unos 15.000 años atrás. Sin embargo, la nueva arqueología y los métodos de datación revisados muestran que los humanos estaban presentes, aunque de forma dispersa, hace unos 30.000 años, o incluso antes. Véase L. Becerra-Valdivia y T. Higham, «The timing and effect of the earliest human arrivals in North America», doi. org/10.1038/s41586-020-2491-6, 2020; Ardelean *et al.*, «Evidence for human occupation in Mexico around the Last Glacial Maximum», *Nature* 584, 87-92, 2020.

10. La Luna también lo haría. Pero como este relato trata de la vida en la Tierra, podría decirse que esto va más allá de mis competencias.

11. Véase Piperno *et al.*, «Processing of wild cereal grains in the Upper Palaeolithic revealed by starch grain analysis», *Nature* 430, 670-673, 2004.

12. Véase J. Diamond, «Evolution, consequences and future of plant and animal domestication», *Nature* 418, 700-707, 2002.

13. Véase Krausmann *et al.*, «Global human appropriation of net primary production doubled in the 20th century», *Proceedings of the National Academy of Sciences of the United States of America* 110, 10324-10329, 2013.

14. Si quieres saberlo, nací en 1962. «Good Luck Charm» de Elvis Presley estaba en la cima del Billboard Hot 100, también en la cima del pop en el Reino Unido.

15. La Tasa Total de Fecundidad (TFG, por su sigla en inglés) —el ritmo al que deben nacer los bebés para superar la tasa de mortalidad— es de 2,1 hijos por madre: sería de 2,0, pero se añade un poco para compensar los percances tempranos y el hecho de que los niños varones tienen más probabilidades de morir que las niñas. En 2100, 183 países (de los 195 estudiados) tendrán una TFG inferior a esta, y la población mundial será menor que la actual. En algunos países, como España, Tailandia y Japón, la población se habrá reducido a la mitad para esa fecha. Véase Vollset *et al.*, «Fertility, mortality, migration and population scenarios for 195 countries and territories from 2017 to 2100: a forecasting analysis for the Global Burden of Disease Study», *The Lancet* doi.org/10.1016/S0140-6736(20)20677-2, 2020.

16. Véase Kaessmann *et al.*, «Great ape DNA sequences reveal a reduced diversity and an expansion in humans», *Nature Genetics* 27, 155-156, 2001; Kaessmann *et al.*, «Extensive nuclear DNA sequence diversity among chimpanzees», *Science* 286, 1159-1162, 1999.

17. Debo decir que a partir de este punto, la mayor parte de lo que digo son conjeturas, o lo que los científicos llaman inventar cosas. Como alguien dijo una vez, la predicción es muy difícil, especialmente sobre el futuro.

18. He tomado prestada esta imagen tan llamativa de *After Man: A Zoology of the Future* (Granada Publishing, 1982), en el que Dougal Dixon especula sobre los animales que podrían haber evolucionado 50 millones de años después de la desaparición de la humanidad. El «acechador nocturno» es un

horrible carnívoro derivado de los murciélagos que merodea por los bosques nocturnos de una masa volcánica recién formada llamada Batavia, colonizada sólo por murciélagos. Las criaturas evolucionan para ocupar muchos nichos ecológicos que no son propios de los murciélagos.

19. Si quieres pasar la noche en vela preocupándote, lee *The Life and Death of Planet Earth* (*La vida y la muerte del planeta Tierra*), de Peter Ward y Donald Brownlee (Times Books, Henry Holt and Co., 2002), en el que se exploran sin contemplaciones estos dos factores.

20. La concentración atmosférica de dióxido de carbono en los últimos 800.000 años aproximadamente nunca ha superado las 300 ppm. En 2018, superó las 400 ppm, como resultado de la actividad humana, una concentración que no se veía desde hace más de 3 millones de años. Véase K. Hashimoto, «Global temperature and atmospheric carbon dioxide concentration», en *Global Carbon Dioxide Recycling*, SpringerBriefs in Energy (Singapur: Springer, 2019).

21. Hay más cosas, por supuesto. El cuadro que acabo de pintar se basa en la idea de que lo único que se erosiona es la roca de silicato desnuda y sin vida. Aunque eso era cierto hace miles de millones de años, la presencia de vida cambia el juego. La presencia de materia orgánica y de rocas sedimentarias ricas en carbonatos influye en la tasa de meteorización tanto hacia arriba como hacia abajo, de forma difícil de predecir (R. G. Hilton y A. J. West, «Mountains, erosion and the carbon cycle», *Nature Reviews Earth & Environment 1*, 284-299, 2020). Además, la mayor parte del carbono de la tierra se almacena en un sustrato totalmente generado por la vida, es decir, el suelo. El aumento de la temperatura estimula una mayor respiración en los microbios del suelo, cuyo resultado es una liberación de dióxido de carbono a la atmósfera (Crowther *et al.*, «Quantifying global soil carbon losses in response to warming», *Nature 540*, 104-108, 2016). Estos y otros procesos influyen en la transferencia de dióxido de carbono de la atmósfera a las profundidades marinas.

22. Otra complicación es que la Tierra podría haber sido impactada una o más veces por asteroides hace unos 800 millones de años: un estudio de la craterización en la Luna muestra un aumento de los impactos alrededor de esa época. Véase Terada *et al.*, «Asteroid shower on the Earth-Moon system immediately before the Cryogenian period revealed by KAGUYA», *Nature Communications 11*, 3453, 2020.

23. Véase Simon *et al.*, «Origin and diversification of endomycorrhizal fungi and coincidence with vascular land plants», *Nature 363*, 67-69, 1993.

24. Véase Simard *et al.*, «Net transfer of carbon between ectomycorrhizal tree species in the field», *Nature* 388, 579-582, 1997; Song *et al.*, «Defoliation of interior Douglas-fir elicits carbon transfer and stress signalling to ponderosa pine neighbors through ectomycorrhizal networks», *Scientific Reports* 5, 8495, 2015; J. Whitfield, «Underground networking», *Nature* 449, 136-138, 2007.

25. Smith *et al.*, «The fungus *Armillaria bulbosa* is among the largest and oldest living organisms», *Nature* 356, 428-431, 1992.

26. Los himenópteros comenzaron a diversificarse hace unos 281 millones de años (Peters *et al.*, «Evolutionary history of the Hymenoptera», *Current Biology* 27, 1013-1018, 2017); las primeras polillas conocidas vivieron hace 300 millones de años (Kawahara *et al.*, «Phylogenomics reveals the evolutionary timing and pattern of butterflies and moths», *Proceedings of the National Academy of Sciences of the United States of America* 116, 22657-22663, 2019).

27. Para un útil manual, que explica por qué cuando comemos un higo, no se nos llena la boca de avispas, véase J. M. Cook y S. A. West, «Figs and fig wasps», *Current Biology* 15, R978-R980, 2005.

28. Véase C. A. Sheppard y R. A. Oliver, «Yucca moths and yucca plants: discovery of "the most wonderful case of fertilisation"», *American Entomologist* 50, 32-46, 2004.

29. Véase D. M. Gordon, «The rewards of restraint in the collective regulation of foraging by harvester ant colonies», *Nature* 498, 91-93, 2013.

30. Un tema tratado en forma de libro por E. O. Wilson en *The Social Conquest of Earth* (Nueva York: Liveright, 2012).

31. Los científicos son unánimes en afirmar que habrá un supercontinente dentro de otros 250 millones de años, pero las opiniones difieren en cuanto a su forma exacta. Según un modelo, las Américas se desplazarán hacia el oeste hasta encontrarse con el este de Asia, lo que causará la desaparición del Océano Pacífico. Otro sostiene que las Américas, como en el pasado, serán arrastradas hacia el borde occidental de Eurasia, de modo que se cerrará el Atlántico. El libro *Supercontinente* de Ted Nield explica el razonamiento de estos escenarios.

32. Para una buena introducción a la biosfera profunda, véase A. L. Mascarelli, «Low life», *Nature* 459, 770-773, 2009.

33. Véase Borgonie et al., «Eukaryotic opportunists dominate the deep-subsurface biosphere in South Africa», Nature Communications 6, 8952, 2015; Borgonie et al., «Nematoda from the terrestrial deep subsurface of South Africa», Nature 474, 79-82, 2011.

34. El científico era un tal N. A. Cobb, que dibujó este retrato a pluma de los ascárides en «Nematodes and their relationships», United States Department of Agriculture Yearbook (Washington DC: US Department of Agriculture, 1914), p. 472.

35. Los modelos del ciclo del carbono sugieren que la vida se extinguirá entre 900 millones y 1.500 millones de años en el futuro. Mil millones de años después, los océanos desaparecerán. Véase K. Caldeira y J. F. Kasting, «The life span of the biosphere revisited», Nature 360, 721-723, 1992. Lo que ocurra después dependerá de la rapidez con la que hiervan los océanos. Si es rápido, la Tierra se secará y se convertirá en un planeta caliente y desértico. Si es lento, gran parte de la atmósfera cubrirá la Tierra, creando un efecto invernadero tan potente que la superficie del planeta se fundirá. Estas deliciosas visiones son explicadas por P. Ward y D. Brownlee en The Life and Death of Planet Earth (Times Books, Henry Holt and Co., 2002). Al final, apenas importará: en varios miles de millones de años más, el Sol se expandirá hasta convertirse en una gigante roja que llenará el cielo, reducirá la Tierra a cenizas y posiblemente la consuma, antes de desprenderse de la mayor parte de su masa como una «nebulosa planetaria» y reducirse a una diminuta estrella enana blanca que podría durar billones de años. El Sol, por muy masivo que sea, no lo es tanto como para explotar y convertirse en una supernova y sembrar nuevas generaciones de estrellas, planetas y vida.

Epílogo

1. Véase Barnosky et al., «Has the Earth's sixth mass extinction already arrived?», Nature 471, 51-57, 2011.

2. Véase https://www.carbonbrief.org/analysis-uk-renewables-generate-more-electricity-than-fossil-fuels-for-first-time, consultado el 26 de julio de 2020.

3. Véase, por ejemplo, el libro de Paul Ehrlich The Population Bomb. Para una valoración de sus efectos medio siglo después, véase https://www.smithsonianmag.com/innovation/book-incited-world-wide-fear-overpopulation-180967499/-, consultado el 26 de julio de 2020.

4. Véase https://ourworldindata.org/energy, consultado el 26 de julio de 2020.

5. Véase Friedman *et al.*, «Measuring and forecasting progress towards the education-related SDG targets», *Nature* 580, 636-639, 2020.

6. Véase Vollset *et al.*, «Fertility, mortality, migration and population scenarios for 195 countries and territories from 2017 to 2100: a forecasting analysis for the Global Burden of Disease Study», *The Lancet* doi. org/10.1016/S0140-6736(20)20677-2, 2020.

7. Véase, por ejemplo, Horneck *et al.*, «Space microbiology», *Microbiology and Molecular Biology Reviews* 74, 121-156, 2010. La posibilidad de que los seres vivos (aparte de los humanos) puedan viajar entre planetas es algo que he decidido no tratar en este libro.

8. ...y todos ellos hombres, lo que limita un poco las oportunidades de reproducción.

Ecosistema digital

Floqq
Complementa tu lectura con un curso o webinar y sigue aprendiendo.
Floqq.com

Amabook
Accede a la compra de todas nuestras novedades en diferentes formatos: papel, digital, audiolibro y/o suscripción.
www.amabook.com

Redes sociales
Sigue toda nuestra actividad. Facebook, Twitter, YouTube, Instagram.

EDICIONES URANO